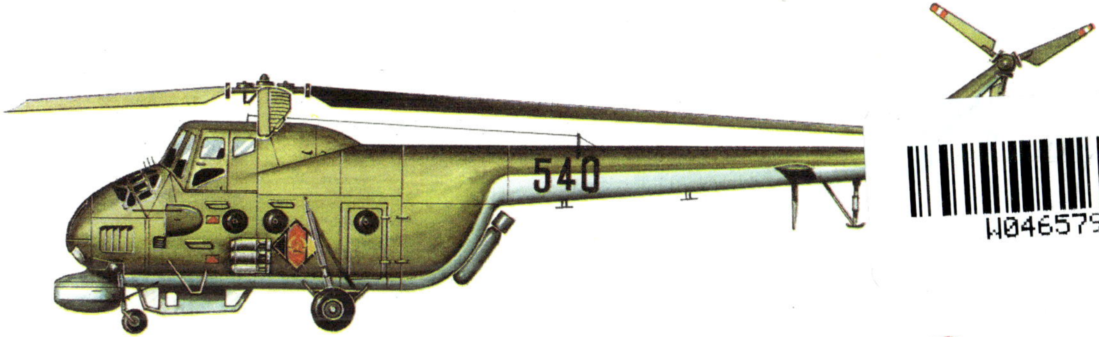

UAW-Hubschrauber
Mi-4M

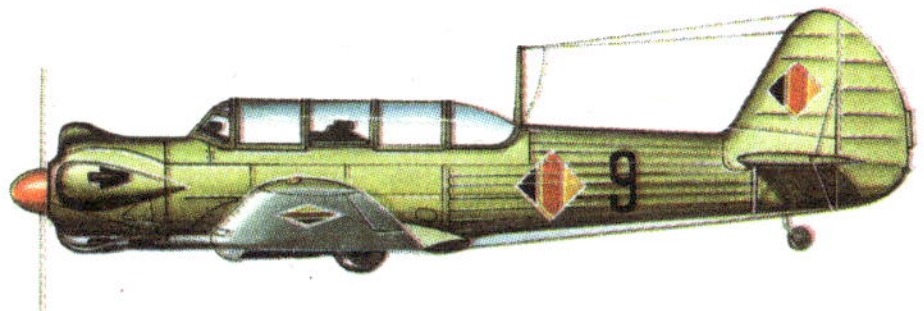

Schulflugzeug
Jak-18

Zieldarstellungsflugzeug
Il-28

Jagdflugzeug
MiG-15bis

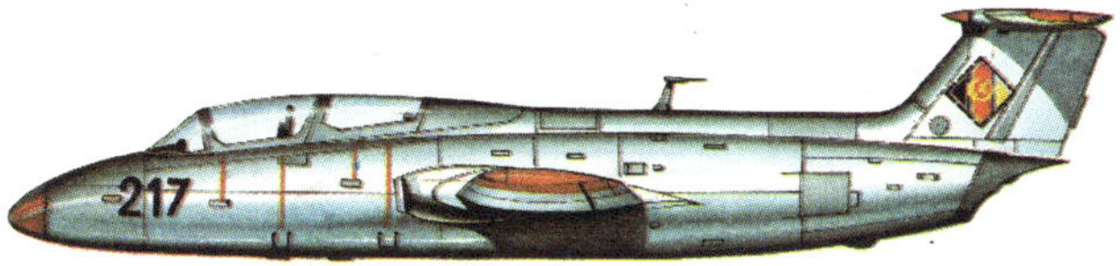

Schul- und Übungsflugzeug
L-29 «Delfin»

Wilfried Kopenhagen

Flugzeuge und Hubschrauber der NVA

von 1956 bis 1970

Militärverlag der Deutschen Demokratischen Republik

Bildautoren:

Archiv Marinehubschraubergeschwader «Kurt Barthel» 4, Archiv MBD 56, Archiv «VOLKSARMEE» 1, Ende 2, Grass 4, Gründer 1 Zeichnung, Kopenhagen 22, «Krylja Rodiny» 3, Michna 3, Müller 3, Murza 1, Oltersdorf 1, Rode 2, Sammlung Grass 4, Sammlung Kopenhagen 18, Sammlung Müller 2, Swoboda 40, Tessmer 2, Uhlenhut 1, Willmann 7 (aus Bildbänden «Mensch – Mut – Mach» und «Gefechtsbereit!»), «Wojskowy Przeglad Techniczny» 3 Zeichnungen, Zühlsdorf 2.

Flugzeuge und Hubschrauber der NVA
von 1956 bis 1970 –
Berlin : Militärverlag der DDR, 1988 – 160 S : 182 Ill.

ISBN 3-327-00547-8

1. Auflage

Lizenz-Nr. 5
Printed in the German Democratic Republic
Gesamtherstellung: Druckerei des Ministeriums
für Nationale Verteidigung (VEB) – Berlin – 30358-7
Lektor: Oberst d. R. Hans Strohbach
Gesamtgestaltung: Günter Hennersdorf
Redaktionsschluß: 15. 12. 1987
LSV: 0559
Bestell-Nr.: 747 052 8
01850

Vorwort

Mit Freude bin ich der Bitte des Militärverlages der DDR nachgekommen, ein Typenbuch über die Flugzeuge und Hubschrauber der NVA von 1956 bis 1970 zu erarbeiten. Eine derartige Sammlung zu besitzen hatte ich mir selbst schon gewünscht, als ich 1958 nach der Ausbildung zum operativen Offizier der Luftstreitkräfte die damalige Fliegertechnische Schule in Kamenz verließ. Eine Typenübersicht der eigenen Flugzeuge und Hubschrauber schwebte mir noch immer vor, als ich sieben Jahre lang als Steuermann beziehungsweise Leiter des Gefechtsstandes im heutigen Jagdfliegergeschwader «Hermann Matern» tätig war, in dem zur selben Zeit unser späterer Kosmonaut, Generalmajor Dr. Sigmund Jähn, wie ich die Entwicklung vom Unterleutnant bis zum Hauptmann durchlief.

In den folgenden Jahren, als Militärjournalist der Fachzeitschrift «Luftverteidigung» und ab Ende 1973 der Wochenzeitung «VOLKSARMEE», hätte ich immer wieder sehr gern nach einem solchen Buch gegriffen, um es als Nachschlagewerk für die Antwort auf Leserfragen, bei Foren mit Armeeangehörigen oder Jugendlichen in Zivil sowie als Grundlage für eigene Beiträge zu verwenden.

Aus verschiedenen Gründen kam es erst jetzt dazu, das Projekt zu realisieren. Diese Aufgabe in verhältnismäßig kurzer Zeit zu lösen war mir nur möglich, weil ich mich auf eigene Veröffentlichungen in der Armee- und der GST-Presse sowie auf die Hilfe vieler Genossen stützen konnte, die wie ich lange Jahre die Uniform unserer Luftstreitkräfte getragen haben oder sie noch tragen.

Dank schulde ich den Spezialisten aus den Bereichen von Generalleutnant Klaus Baarß sowie Generalmajor Erhard Telle des Kommandos der Luftstreitkräfte/Luftverteidigung für die Begutachtung der Texte sowie für fachliche Hinweise zu Detailfragen. Sehr geholfen haben mir mit ihren typenspezifischen Hinweisen die Oberstleutnante Hans-Joachim Heuke, Thomas Hentschel, Eberhard Kiel, Günther Thiermann und Gerhard Apitz sowie Hauptmann Gerhard Hoffmann; ferner Oberst a. D. Dieter Stammer, die Oberstleutnante d. R. Gerhard Gareis, Peter Peil, Rolf Posselt und Hans Stange, die Majore d. R. Ekkehard Freyer und Horst Materna sowie der Hauptmann d. R. Dietrich Hellwig. Ihnen sowie vielen anderen, die mir mit Daten und Fakten halfen, danke ich ebenso wie Ralf Swoboda, der den größten Teil der Farbzeichnungen sowie die Risse für dieses Buch schuf.

In die vorliegende Arbeit sind keine Flugzeugtypen aufgenommen worden, die dem ehemaligen ASK Vorwärts Cottbus gehörten – so die Po-2, die M 1D «Sokol» oder die «Trener»-Ausführungen Z-126 und Z-226.

Bei den Recherchen insbesondere zu den älteren Flugzeug- und Hubschraubertypen der NVA mußte ich feststellen, daß einzelne Jahreszahlen, Details sowie Ereignisse in Vergessenheit geraten sind und daher einige Beschreibungen bei manchen Einzelheiten lückenhaft bleiben mußten sowie einige Widersprüche in Quellenangaben nicht geklärt werden konnten.

Autor und Verlag sind daher für sachliche Hinweise sehr dankbar, um spätere Auflagen in Hinsicht auf Text und Abbildungen komplettieren zu können.

Dem vorliegenden Band soll ein weiterer über die Flugzeuge und Hubschrauber der NVA im Zeitraum von 1971 bis zur Gegenwart folgen.

Berlin, am 2. Januar 1988

Wilfried Kopenhagen

TEIL 1

Die Entwicklung der Luftstreitkräfte/ Luftverteidigung der NVA zu einer modernen Teilstreitkraft

29. August 1985 – Parade gegenwärtiger Kampftechnik

Verbindungs-, Transport- und Kampfhubschrauber, Turboprop-Transporter, Jagd- und Jagdbombenflugzeuge rollen auf der Beton-

Flugzeugtypen der NVA zum Ende der 60er/Anfang der 70er Jahre
Von oben im Uhrzeigersinn: MiG-19PM, MiG-21F-13, MiG-15UTI, MiG-17F, MiG-21PFM, L-29

Flugzeug- und Hubschraubertypen der NVA zum Ende der 60er/Anfang der 70er Jahre
Von oben links nach unten rechts: Jak-18A, Mi-8T, Mi-4A, MiG-15UTI, L-29, MiG-21PFM, MiG-17F

bahn heran, verharren auf der Höhe der Tribüne, auf der Mitglieder der Partei- und Staatsführung unter Leitung Erich Honeckers Platz genommen haben. Den hohen Gästen, die an diesem strahlend schönen 29. August 1985 die Teilstreitkraft Luftstreitkräfte/Luftverteidigung besuchen, wird auf dem Flugplatz des Jagdfliegergeschwaders «Fritz Schmenkel» in einer Parade die gegenwärtige Kampftechnik vorgestellt. Dazu erstatten die Flugzeug- und Hubschrauberführer über Funk Meldung an den Generalsekretär des ZK der SED und Vorsitzenden des Staatsrates der DDR sowie des Nationalen Verteidigungsrates der DDR Erich Honecker. Im Anschluß erläutern sie den eigenen Ausbildungsstand sowie den der Besatzung und informieren über die Gefechtsmöglichkeiten des ihnen anvertrauten Fluggerätes.

Aufmerksam verfolgen die Gäste die anschließenden Flugvorführungen mit Strahltrainern, Jagd- und Jagdbombenflugzeugen, das Absetzen von 30 Fallschirmjägern aus einem Transportflugzeug sowie den Lastenabwurf im Tiefflug aus einem Flugzeug des gleichen Typs.

Zum Abschluß demonstrieren die Angehörigen der LSK/LV das Handeln in einer Gefechtssituation. Nach einer taktischen Idee war dem Geschwader der Befehl erteilt worden, einen angenommenen gegnerischen Angriff auf den Flugplatz abzuwehren. Auf mehreren Bahnen und in verschiedenen Richtungen gleichzeitig heben in Sekundenabständen einzeln und paarweise die Flugzeuge ab, einige davon mit Starthilfsraketen. Nach der Erfüllung der befohlenen Aufgaben sammeln sich die beteiligten Maschinen kettenweise und verabschieden sich mit einem Überflug in 100 Meter Höhe von den Mitgliedern der Partei- und Staatsführung.

Auf einem anschließenden Meeting erklärte Erich Honecker, die demonstrierte militärische Meisterschaft belege überzeugend den hohen Stand der Kampfkraft und Gefechtsbereitschaft der Luftstreitkräfte/Luftverteidigung der Nationalen Volksarmee, die feste Klassenposition und hohe Kampfmoral, die Entschlossenheit und das militärische Geschick, den Mut und die Kühnheit ihrer Angehörigen.[1]

Die Meisterung moderner Militärtechnik, die zu dieser Gelegenheit demonstriert werden konnte, fußt auf dem Wirken bereits mehrerer Soldatengenerationen. Ihnen ist es zu verdanken, daß sich – geleitet durch die Beschlüsse der Partei und in Anwendung sowjetischer Erfahrungen – die Luftstreitkräfte/Luftverteidigung in historisch kurzer Zeit zu einer kampfstarken und gefechtsbereiten Teilstreitkraft der Nationalen Volksarmee entwickelten.[2]

Jede dieser Soldatengenerationen hatte in den Etappen auf dem langen Weg – von den durch Kolbenmotorflugzeuge gekennzeichneten Anfangsjahren bis zu dem heutigen Ausrüstungs- und Ausbildungsstand – auf ihre Art große Anstrengungen zu unternehmen. Die Unterstützung, die ihnen die sowjetischen Waffenbrüder dabei gewährten, ist nicht hoch genug einzuschätzen. Bei jedem neuen Flugzeugtyp, bei jeder neuen Modifikation machten die Genossen in der Uniform der sowjetischen Streitkräfte die jungen Spezialisten unserer Luftstreitkräfte/Luftverteidigung gründlich mit den jeweiligen Besonderheiten und Eigenschaften vertraut.

Doch dabei blieb es nicht. Der theoretischen und praktischen Umschulung folgten sowjetische Berater und Spezialistenbrigaden, die den Angehörigen unserer Luftstreitkräfte/Luftverteidigung zu jeder Zeit und in jeder Situation mit Rat und Tat zur Seite standen. Das war außerordentlich wichtig, weil jeder neue Flugzeugtyp, jede neue Version nicht nur für das fliegende Personal, sondern auch für die Versorgungseinrichtungen, für den Fliegeringenieurdienst und für die Führungsorgane bedeutende Veränderungen mit sich bringt.

Wenn unsere Luftstreitkräfte/Luftverteidigung also den langen Weg von den Kolbenmotorflugzeugen zu Schwenkflüglern erfolgreich zurücklegen konnten, so schulden wir vielen sowjetischen Spezialisten auf den unterschiedlichsten Gebieten dafür Dank.

Wichtigste Aufgabe – Luftverteidigung

Daß die zukünftigen Fliegerkräfte der DDR vornehmlich Aufgaben im Interesse der Luftverteidigung zu lösen haben würden, war sozusagen bereits in ihrer Geburtsurkunde festgelegt.

Als das Mitglied des Politbüros des ZK der SED Willi Stoph, damals Stellvertreter des Vor-

1 E. Honecker, Für Leben und Glück des Volkes lohnt es sich, mit ganzem Einsatz zu kämpfen. In: Neues Deutschland, Berlin, B-Ausgabe, 30. August 1985.
2 W. Reinhold, Luftraum der DDR ist gesichert. In: Militärwesen, Berlin, H. 1–2/86, S. 25.

sitzenden des Ministerrates der DDR, am 18. Januar 1956 vor der Volkskammer den Gesetzentwurf über die Schaffung der Nationalen Volksarmee und eines Ministeriums für Nationale Verteidigung begründete, erklärte er, daß die Nationale Volksarmee aus Land-, Luft- und Seestreitkräften bestehen wird, die für die Verteidigung der Deutschen Demokratischen Republik notwendig sind. Wie im Gesetzentwurf festgelegt, werde die zahlenmäßige Stärke der Streitkräfte der Deutschen Demokratischen Republik begrenzt – entsprechend den Aufgaben zum Schutz des Territoriums der Deutschen Demokratischen Republik, der Verteidigung ihrer Grenzen und der Luftverteidigung.[3]

Einerseits wurde mit der Entscheidung, daß die NVA über Luftstreitkräfte/Luftverteidigung als integrierten Bestandteil verfügen sollte, die Erkenntnis der sozialistischen Militärwissenschaft von der Notwendigkeit einer ausgewogenen Struktur der Teilstreitkräfte, Waffengattungen, Spezialtruppen und Dienste berücksichtigt, auf welche sich das militärische Potential stützt. Andererseits gingen die Verantwortlichen im Partei- und Staatsapparat davon aus, daß aus der unlöslichen Verankerung der Deutschen Demokratischen

3 Nach: Die NVA in der sozialistischen Verteidigungskoalition, Berlin 1982, S. 30.

Jak-11 im Paarflug

Der Fluglehrer (r.) mit dem Flugschüler unmittelbar vor dem Start mit einer Jak-18A

SM-1 werden gewartet

Eine L-60 in der Luft

Republik in der sozialistischen Staatengemeinschaft und ihrer Mitgliedschaft im Warschauer Vertrag Schlußfolgerungen für die Aufgabenstellung, Struktur, Bewaffnung sowie für die Ausbildung der Angehörigen der Luftstreitkräfte/Luftverteidigung zu ziehen waren. Das bedeutete und bedeutet, sich für den Fall einer imperialistischen Aggression vorrangig auf die Abwehr bemannter und unbemannter Luftangriffsmittel im Rahmen von Luftverteidigungsoperationen der Truppen der Luftverteidigung des Warschauer Vertrages vorzubereiten.[4]

In den ersten Jahren des Aufbaus ging es im Sinne dieser Aufgabe darum, Flieger- und Flakartillerieverbände aufzustellen, mit sowjetischer Kampftechnik auszurüsten sowie die Gefechtsausbildung in den Einheiten und Truppenteilen zu organisieren. Dieser heute als Etappe der Formierung bezeichnete Zeitraum reichte von der Gründung der NVA am 1. März 1956 bis zum Anfang der 60er Jahre.[5]

Die zunächst getrennten Verwaltungen Luftstreitkräfte und Luftverteidigung – ab 1. September 1956 vom damaligen Generalmajor Heinz Keßler als Stellvertreter des Ministers und Chef der Luftstreitkräfte und Luftverteidigung geführt – wurden im Frühjahr 1957 zu einem einheitlichen Führungsorgan verschmolzen. Begründet war das mit der Erkenntnis, daß sich so die komplizierten Prozesse bei der Meisterung der modernen Militärtechnik und der Taktik ihres Einsatzes besser führen lassen. Seit dieser Zeit wird vom Kommando LSK/LV gesprochen.

Da sich das vorliegende Typenbuch mit den Flugzeugen und Hubschraubern der NVA von 1956 bis 1970 befaßt, bleiben in ihm die Entwicklung der Flak- und Fla-Raketen-Truppenteile sowie deren technische Ausstattung unberücksichtigt.

Den Grundstock für die Luftverteidigung der DDR bildeten zwei Fliegerdivisionen und eine Flakartilleriedivision.[6]

Während die zukünftigen Jagdfliegertruppenteile ihre Ausbildung mit den Schulflugzeugen Jak-18 sowie den Schul- und Übungsjagdflugzeugen Jak-11 begannen, übernahmen die Transportfliegereinheiten in der Formierungsetappe nach und nach Flugzeuge der Typen Il-14, An-2 und L-60 sowie Hubschrauber der Typen Mi-4 und Mi-1 (SM-1).

Unter den Transportfliegerkräften ist jene Gattung der Fliegerkräfte zu verstehen, die Manöver der Teilstreitkräfte (Landstreitkräfte, Luftstreitkräfte/Luftverteidigung, Seestreitkräfte) über unterschiedliche Entfernungen sicherzustellen sowie Nachschubtransporte zur Versorgung der Truppen mit materiellen Mitteln und schließlich Abschubtransporte auszuführen hat. Dazu werden Transport- und Verbindungsflugzeuge sowie -hubschrauber unterschiedlicher Größe, Geschwindigkeit und Flugweite benutzt. In der Regel wird der Lufttransport dann angewendet, wenn andere Transportarten unmöglich oder unzweckmäßig sind.

Für die Anfangsjahre der Nationalen Volksarmee war es typisch, daß die künftigen Besatzungen das Fliegen generell auf der Jak-18 erlernten. Danach mußten sie erneut auf die Schulbank, denn jeder Flugzeug- oder Hubschraubertyp verlangt spezielle Kenntnisse über die Inbetriebnahme und Bedienung

4 W. Reinhold, Luftraum der DDR ist gesichert. In: Militärwesen. Berlin, H. 1–2/86. S. 26.
5 Einteilung in drei Entwicklungsetappen: Ebenda, S. 27.
6 Nach: Für den zuverlässigen Schutz der Deutschen Demokratischen Republik, Berlin 1969, S. 218.

der Triebwerke, Systeme, Aggregate und Geräte. Ebenso mußte man die jeweiligen technischen und taktischen Daten, das aerodynamische Verhalten des jeweiligen Typs während verschiedener Flugzustände genau kennen und wissen, wie die Besatzungsmitglieder zusammenzuwirken haben, wie sich jeder in besonderen Fällen – wie dem Ausfall von Geräten oder Systemen – in der Luft und am Boden zu verhalten hat.

Die ersten MiG der NVA

Am 17. September 1956 nahmen Flugzeuge der Luftstreitkräfte der NVA erstmals an einer Übung der Bodentruppen teil, und bereits ab Oktober 1956 machten sowjetische Fluglehrer das leitende fliegende Personal mit dem Strahljagdflugzeug MiG-15 vertraut. Man kann sich heute kaum noch den Stolz jener jungen Piloten vorstellen, die unter Anleitung erfahrener sowjetischer Genossen als erste die MiG-15 fliegen durften, die seit der Abwehr der imperialistischen Aggression gegen die KDVR in aller Welt berühmt war.

Großen Eindruck in der Öffentlichkeit machte die erste Luftparade der jungen Fliegerkräfte der NVA am 1. Mai 1957 über Dresden. Unter Führung von Oberstleutnant Wolfgang Reinhold – seit 1972 Stellvertreter des Ministers und Chef der LSK/LV, seit September 1979 Generaloberst – überflog ein MiG-15-Verband die Stadt an der Elbe.

Wenig später bereits – ab Juli 1957 – hatten sich die Flugzeugführer, das Personal des Fliegeringenieurdienstes sowie die Stäbe nach und nach mit dem Flugzeugtyp MiG-17

Flugschüler werden auf dem Lehrflugplatz mit dem Strahltriebwerk WK-1A einer MiG-15bis vertraut gemacht

vertraut zu machen, der an die Stelle der MiG-15bis trat. Das heutige Jagdfliegergeschwader «Hermann Matern» beispielsweise – bei seiner Gründung am 26. September 1956 mit elf Jak-11 versehen – flog in der ersten Hälfte des Ausbildungsjahres 1956/57 die MiG-15bis und schulte im Zeitraum vom 25. 9. bis zum 31. 10. 1957 auf die MiG-17F um.

Damals ging es vor allem darum, die Geschwader zu befähigen, Tagesangriffe einzelner Flugzeuge und kleiner Flugzeuggruppen unter einfachen, bald darauf aber auch unter schwierigen Wetterbedingungen am Tage sowie in der Nacht in mittleren und großen Höhen abzuwehren. Eine weitere Aufgabe der Gefechtsausbildung bestand in der Befähigung, die Handlungen der Landstreitkräfte decken zu können.

Die Ausrüstung der Fliegergeschwader mit der MiG-17 vollzog sich bis in das Jahr 1958

MiG-19PM – gut zu erkennen sind der hohe Grenzschichtzaun, der Kraftstoffzusatzbehälter sowie die Raketenschienen

hinein. Im September 1959 übernahmen einige Staffeln die MiG-19, das erste Überschalljagdflugzeug der NVA. Damit waren erstmals in unseren Luftstreitkräften auch mit Luft-Luft-Raketen bewaffnete Jagdflugzeuge verfügbar. Mit den Allwetter-Versionen MiG-17PF und MiG-19PM war die Luftverteidigung unseres Landes in die Lage versetzt worden, auch bei schwierigen Wetterbedingungen am Tage und in der Nacht Luftziele in den Wolken abfangen zu können, da diese Maschinen mit Funkmeßvisieren versehen waren.

Mit dieser Entwicklung auf dem Gebiet der Flugzeugtechnik mußte auch die Ausstattung auf dem Gebiet der Funkmeßgeräte, der Funkmittel sowie der übrigen Bodenausrüstung Schritt halten. So traten Ende der 50er Jahre an die Stelle der im Meterwellenbereich arbeitenden Rundumbeobachtungsfunkmeßstationen vom Typ P-8 und P-10 die Stationen P-20 und P-25, die besser geeignet waren, Jagdflugzeuge vom Boden aus an Luftziele heranzuleiten. Sie arbeiteten im Zentimeterwellenbereich.

Rückblickend muß man feststellen, daß diese Periode der stürmischen Neueinführung von Technik unterschiedlichster Art – vom Spezial-Kfz über Bodennavigationsmittel bis zum Strahlflugzeug – für die Fliegerkräfte der NVA zugleich eine Zeit des Lernens mit höchstem persönlichem Einsatz war. Dieser

Prozeß erfaßte alle Kommandeure und Politoffiziere, die Flugzeug- und Hubschrauberführer, die Besatzungen der Gefechtsstände, die Angehörigen des Fliegeringenieurdienstes und die der Fliegertechnischen Bataillone. Sie waren für die Flugplatzwartung ebenso verantwortlich wie für die Versorgung mit Kraftstoff und Munition, Ersatzteilen und Verpflegung oder für die medizinische Betreuung des Personals.

Abgeschlossen wurden die Umrüstung der Funktechnischen Truppen sowie deren Strukturierung am Ende der 50er Jahre. Damit war es den Funktechnischen Truppen möglich, die Gefechtsausbildung der Fliegerkräfte sicherzustellen. Gleichzeitig konnten sie den Luftraum über dem Territorium unseres Landes in bestimmten Höhen kontrollieren.

Mit dem inzwischen erreichten Ausbildungsniveau der Flakartillerie hatten die Verbände der Luftstreitkräfte/Luftverteidigung eine Gefechtsbereitschaft errungen, die sie befähigte, den Schutz einzelner Objekte zu übernehmen. Wesentlich dazu beigetragen

Wartung an der MiG-17F

Eine der ersten Funkmeßstationen der NVA war die P-10

hatte die ständige Hilfe der sowjetischen Waffenbrüder – ob bei der Umschulung auf einen neuen Flugzeugtyp, ob bei der Ausbildung an moderneren Nachrichten- oder Funkmeßgeräten.

Bei Abschluß der ersten Entwicklungsetappe unserer Luftstreitkräfte hatte sich auch das endgültige Hoheitszeichen der Flugzeuge und Hubschrauber der NVA herausgebildet, das auf und unter den Tragflügeln, am Rumpf und am Seitenleitwerk zu sehen ist.

Luftverteidigungsdivisionen und Diensthabendes System

Die Umbenennung der mit Jagdflugzeugen ausgerüsteten Truppenteile von «Fliegergeschwader» in «Jagdfliegergeschwader» im Jahr 1959 signalisierte den Beginn einer neuen, der zweiten Entwicklungsetappe der Luftstreitkräfte/Luftverteidigung der NVA.[7] Die Bezeichnung «Jagdfliegergeschwader» sollte verdeutlichen, daß sich die Truppenteile immer stärker auf ihre Aufgaben als Jagdfliegerkräfte eingestellt hatten.

Zu dieser Zeit hatten die Funktechnischen Truppen ein geschlossenes Funkmeßfeld entfaltet und die Flakartillerie-Regimenter die Umrüstung von Rohrwaffen auf Fla-Raketen begonnen. Erstmals ist dieses neue Waffensystem von der Nationalen Volksarmee am 1. Mai 1962 zur Parade in der Hauptstadt der DDR Berlin gezeigt worden. Die Truppen der Luftverteidigung waren damit in die Lage versetzt worden, unter allen Wetterbedingungen vom Boden aus große Räume und Richtungen mit einer hohen Vernichtungswahrscheinlichkeit gegen Luftangriffsmittel in unterschiedlichen Höhen- und Geschwindigkeitsbereichen zu decken.

Vorgesehen war zu dieser Zeit bereits die Übernahme neuester Überschalljagdflugzeuge MiG-21 mit Luft-Luft-Raketen sowie leistungsfähigerer Funkmeßgeräte der Typen P-30 (Jägerleitstation), P-12 und P-15 (Rundumblickstationen für unterschiedliche Höhenbereiche).

Diese Entwicklung machte grundlegende strukturelle Veränderungen im Kommando LSK/LV notwendig. Außerdem mußte berücksichtigt werden, daß die Fliegerkräfte in Westeuropa durchgängig modernisiert wurden.

So begann am 1. Dezember 1961 die Bildung von Luftverteidigungsdivisionen (LVD), die sich aus Jagdfliegerkräften, Flakartillerie, Fla-Raketentruppen und Funktechnischen Truppen sowie den notwendigen rückwärtigen Einrichtungen (Versorgung, Wartung, Reparatur usw.) zusammensetzten. Das Ziel bestand darin, auf taktischer Ebene bessere Möglichkeiten für das Zusammenwirken dieser vier Waffengattungen zu schaffen, alle

Das Innere einer P-12

7 Nach: W. Reinhold, Luftraum der DDR ist gesichert. In: Militärwesen, Berlin, H. 1–2/86, S. 27.

Gefechtseigenschaften ihrer Waffensysteme mit modernen Mitteln aufeinander abzustimmen und so zu gewährleisten, daß alle Gefechtseigenschaften voll ausgenutzt werden können.

Diese zweite Entwicklungsetappe der LSK/LV reichte bis zum Beginn der 70er Jahre. Militärwissenschaftler der DDR schätzen ein, daß sich in dieser Periode der Systemcharakter eines möglichen Luftverteidigungsgefechtes voll herausgebildet hat. Ein Ausdruck für den guten Ausbildungsstand zu Beginn der zweiten Entwicklungsetappe ist die Tatsache, daß Ende 1961 aus allen Waffengattungen Einheiten in das Diensthabende System – kurz DHS genannt – der Truppen der Luftverteidigung der Teilnehmerstaaten des Warschauer Vertrages übernommen wurden.

Die zum DHS befohlenen Angehörigen der LSK/LV haben am Tage und in der Nacht ständig bereit zu sein, den Luftraum zu beobachten und die Luftlage an die Stäbe zu melden, den Luftraum verletzende Flugkörper aufzuklären und abzuwehren sowie die festgelegte Flugordnung im Luftraum zu kontrollieren und durchzusetzen.

Den Angehörigen der LSK/LV fiel mit der Übernahme in das DHS eine größere Verantwortung für den zuverlässigen Schutz des Luftraumes an der Westgrenze der sozialistischen Verteidigungsgemeinschaft zu. Dieser Verantwortung sind sie seitdem ehrenvoll gerecht geworden.[8] Von unschätzbarem Wert war, daß in den 60er Jahren eine wachsende Anzahl von Offizieren in die Führungsorgane und Truppen kam, die an sowjetischen militärischen Lehreinrichtungen ein umfangreiches Wissen und Können erworben hatten.[9]

Die Jägerleitstation P-35 – eine Weiterentwicklung der Reihe P-25/P-30

Die Entwicklung in den Jagdfliegergeschwadern war in der zweiten Etappe durch die Übernahme von Flugzeugen des Typs MiG-21 in unterschiedlichen Versionen gekennzeichnet. Im Frühjahr 1962 begannen Flugzeugführer des heutigen Jagdfliegergeschwaders «Hermann Matern» mit der Umschulung in der UdSSR. Dabei flogen sie mit Flugzeugen der Versionen MiG-21F und MiG-21F-13. Die MiG-21F-13 wurde im Herbst 1962 dem jetzigen Jagdfliegergeschwader «Hermann Matern» zugeführt. Da es zu jener Zeit noch keine doppelsitzige MiG-21 gab, benutzte man weiterhin die MiG-15UTI für die notwendigen Überprüfungs- und Wetterflüge.

Die MiG-21 als erstes Jagdflugzeug der NVA mit doppelter Schallgeschwindigkeit stellte höhere Anforderungen an das fliegende und das technische Personal sowie an die Besatzungen der Gefechtsstände und der Funkmeßstationen. Der noch ohne Funkmeßvisier fliegenden MiG-21F-13 gesellten sich im Verlauf der nächsten Jahre weitere MiG-21-Versionen hinzu – mit veränderter Ausrüstung

8 Ebenda.

9 Ebenda.

Zu Beginn der 60er Jahre üblicher Leittisch mit Steuermann und Planzeichnern im Gefechtsstand eines Jagdfliegergeschwaders

Die Tochtersichtgeräte einer Jägerleitstation mit den Steuermann-Leitoffizieren. Oben jeweils die Fernbedienteile der UKW-Funkstelle für den Flugfunkverkehr

Major Günter Janik (inzwischen Oberstleutnant d. R.) mit dem von ihm entwickelten Simulator für den Hubschrauber Mi-4

(mit Funkmeßvisier), vergrößertem Kraftstoffvorrat, leistungsfähigeren Waffen sowie der Möglichkeit, die Flugzeuge automatisiert vom Boden aus zu leiten. Diese Technik unter allen Bedingungen perfekt zu beherrschen, ihre Parameter voll auszunutzen – dazu gehörte und gehört, immer wieder neu zu lernen, zusätzliches Wissen aufzunehmen, die Fähigkeiten und Fertigkeiten zu vervollkommnen, die Ausbildungsbasis zu erweitern, den Wartungszustand der Technik immer weiter zu verbessern.

Eine größere Rolle als in der ersten Entwicklungsetappe spielte in der zweiten Etappe in dieser Hinsicht der sozialistische Wettbewerb. Eine spezielle Form dafür hatte sich in den Luftstreitkräften/Luftverteidigung bereits Anfang der 60er Jahre herausgebildet, als Angehörige des ingenieurtechnischen Personals die Flugzeuge in persönliche Pflege nahmen. Das ist der Ursprung der heute weit verbreiteten Q-Bewegung (Q – Flugzeug der ausgezeichneten Qualität): Nach einer bestimmten Anzahl von Ingenieurkontrollen und dabei bestätigtem vorbildlichem Wartungszustand erhält das Flugzeug beziehungsweise der Hubschrauber als sichtbares Zeichen für die Leistungen der technischen Besatzung das blaue Q. Jede Wiederholung wird mit einem Stern im Q gekennzeichnet.

Diese inzwischen zu einer Massenbewegung gewordene Entwicklung ist ein Zeichen für das vielfältige persönliche Engagement von Armeeangehörigen und Zivilbeschäftigten, das mit der Sorge um eine hohe Flugsicherheit ebenso verbunden ist wie mit der um höhere Gefechtsbereitschaft.

Ebenso vielfältig waren und sind die Initiativen der bisherigen Soldatengenerationen,

Ersatzteile und Verbrauchsmaterialien, Kraftstoffe und Energie, finanzielle Mittel und Arbeitszeit so sparsam und so effektiv wie möglich zu verwenden sowie mit Neuererideen und -entwicklungen die Gefechtsausbildung zu unterstützen.

Heute sind Leistungsschauen auf dem Gebiet des Neuererwesens in allen Truppenteilen und Verbänden der LSK/LV alljährliche Erscheinungen, bei denen nicht selten selbst Trainer und Simulatoren gezeigt und zu Exponaten für die jeweils im Herbst in Leipzig veranstaltete Zentrale Messe der Meister von morgen (ZMMM) gekürt werden.

Blickt man auf die Anfänge der Neuerer- und MMM-Bewegung zurück, so wird deutlich, welche Entwicklung sich auch hier vollzogen hat: Beispielsweise führten die Luftstreitkräfte im Jahr 1959 zur ersten ZMMM mit NVA-Beteiligung stolz einen Transportwagen für Farben der Flugzeuge vor. Insgesamt zeigte die NVA zu jener ZMMM zehn Neuerungen auf einer Fläche von 50 m² – inzwischen sind es 1000 m² in der Halle mit -zig Exponaten, von denen ein hoher Prozentsatz aus den LSK/LV kommt.

Gegen Ende der zweiten Entwicklungsetappe konnte der damalige Chef der Luftstreitkräfte/Luftverteidigung, Generalleutnant Herbert Scheibe, feststellen: «Die Erfüllung aller Aufgaben im Diensthabenden System der Luftverteidigung, die Verkürzung der Normzeiten zur Einnahme der Stufen der Gefechtsbereitschaft, die enormen Leistungen der Jagdfliegerkräfte, der Fla-Raketentruppen, der Funktechnischen Truppen, der rückwärtigen Dienste in der Gefechtsausbildung ... zeigen den gewachsenen Gefechtswert des Systems der Luftverteidigung.»[10]

Die Zeit vom Beginn der 70er bis in die 80er Jahre wird als die dritte Etappe in der Entwicklung der Luftstreitkräfte/Luftverteidigung der NVA bezeichnet.[11] Ein Merkmal dieser Etappe ist die Zuführung von weiterentwickelten Kampfflugzeugen, wozu solche Typen wie die MiG-21M und die MiG-21MF zählen. In diese Zeit fallen auch der Übergang zu moderneren Transportflugzeugen, die Bildung von Armeefliegerkräften und deren Ausrüstung mit Kampfhubschraubern der Typen Mi-8TB beziehungsweise Mi-24D sowie die Modernisierung der Marinefliegerkräfte mit Mi-14PL. Die nähere Beschreibung dieser Etappe sowie deren Flugzeug- und Hubschraubertechnik ist dem Typenbuch «Flugzeuge und Hubschrauber der NVA von 1971 bis zur Gegenwart» vorbehalten.

Da bei der Vorstellung der Flugzeuge und Hubschrauber der NVA aus dem Zeitraum 1956 bis 1970 im Typenteil des vorliegenden Bandes aus Platzgründen und im Interesse einer besseren Übersichtlichkeit zahlreiche technische Details unberücksichtigt bleiben mußten, wird auf den folgenden Seiten etwas ausführlicher auf einige Entwicklungsaspekte – so auf die Ausrüstung mit Funkmeßvisieren, Flugzeugwaffen und Rettungseinrichtungen – sowie auf die Bildung der Marinefliegerkräfte eingegangen.

10 H. Scheibe, Die ideologische Arbeit ist der Schlüssel zum Erfolg. In: Parteiarbeiter, Berlin 1971, Sonderheft 1, S. 81.

11 W. Reinhold, Luftraum der DDR ist gesichert. In: Militärwesen, Berlin, H. 1–2/86, S. 27.

Bewaffnung der ersten Typen

Das erste bewaffnete Flugzeug der NVA war die Jak-11. Während es in dem Kolbenmotor-Schulflugzeug Jak-18 lediglich eine Leuchtpistole gab, war das Schul- und Übungsjagdflugzeug Jak-11 mit einem überschweren Maschinengewehr vom Kaliber 12,7 mm bewaffnet. Es handelte sich dabei um eine auf der linken Motoroberseite untergebrachte Waffe, die synchron durch den Luftschraubenkreis feuern konnte.

Konstrukteur dieses Maschinengewehrs war Michail Jewgenewitsch Beresin (1906–1950), der ab 1935 an einer 12,7-mm-Waffe für Flugzeuge gearbeitet hatte. Als Ergebnis lag 1939 der Typ BS vor, der bis 1940 zum Universal-MG UB vom gleichen Kaliber weiterentwickelt und 1940 in den drei Modifikationen UBT (für Drehtürme), UBS (synchronisiert schießend) und UBK (für Einbau in Tragflügeln) in die Bewaffnung der sowjetischen Luftstreitkräfte übernommen wurde.

Für das MG UB sind – ebenfalls noch vor dem zweiten Weltkrieg – von N. M. Jelisarow und A. I. Sabegin Patronen mit speziellen Geschossen geschaffen worden: Panzerbrand-, Panzerbrand-Leuchtspur- und Brand-Spreng-Munition.

Waffen der UB-Reihe sind in zahlreiche sowjetische Flugzeugtypen eingebaut worden, auch noch nach 1945. Eine Waffe vom Typ UBS befand sich in der Jak-11. Die MiG-15UTI war mit dem MG UB ausgerüstet, das sich nur geringfügig vom MG UBK unterschied. Inzwischen wird dieser Typ in der NVA nicht mehr verwendet. Zu finden sind diese Waffen noch in manchen Traditionskabinetten sowie im Armeemuseum der DDR in Dresden.

Dort ist auch ein weiteres 12,7-mm-MG ausgestellt, das als zweite Waffe dieses Kalibers in die LSK eingeführt worden ist und noch heute verwendet wird. Gemeint ist das überschwere Maschinengewehr A-12,7, das von Nikolai Michailowitsch Afanasjew (geb. 1916) ab 1948 für den Bomber Tu-4 entwickelt worden ist. Es wurde dort jedoch nicht eingebaut, da man den Bombertyp mit 23-mm-Kanonen AM-23 bewaffnete. Statt dessen baute man ab 1953 das A-12,7 in Hubschrauber vom Typ Mi-4A und Jak-24, später auch in den Mi-6 ein. Für das A-12,7 übernahm man die Munition der gleichkalibrigen Waffe UB – Patronen BST-44 (Panzerbrand-Leuchtspur), B-32 (Panzerbrand) und MDS (Brand-Spreng für unterschiedliche Zwecke).

Die beiden Kanonen NR-23 auf der an vier Stahlseilen herabzulassenden Lafette

Die Mi-4A der Luftstreitkräfte sowie der Volksmarine der NVA waren mit diesem MG bewaffnet. Es ist auch in dem Kampfhubschrauber Mi-8TB eingebaut, der in dem Band «Flugzeuge und Hubschrauber der NVA von 1971 bis zur Gegenwart» vorgestellt wird. Bei dem ebenfalls in jenem Band zu findenden Kampfhubschrauber Mi-24D gibt es unter dem Bug gleichfalls eine 12,7-mm-Waffe. Das ist jedoch ein mit einem drehbaren Vierlauf-Bündel versehenes MG mit der Typenbezeichnung JakB, entwickelt von den Konstrukteuren P. G. Jakuschew und B. A. Borsow.

Da sich mit dem Übergang zum Strahlantrieb neue Bedingungen für das Luftgefecht ergeben hatten (Kerosin als neuer Flugzeugkraftstoff nicht so leicht entflammbar wie Benzin, stärker gepanzerte oder selbstschließende Tanks, Panzerung wichtiger Teile, doppelte Systeme, Flug in sauerstoffärmeren Schichten, geringere Trefferwahrscheinlichkeit infolge höherer Geschwindigkeiten), gingen die sowjetischen Konstrukteure konsequent zur Kanonenbewaffnung der Jagdflugzeuge über.

Während die sowjetischen Jak-15, MiG-9, Jak-23 oder MiG-15 bereits durchgängig mit Kanonen bewaffnet waren, trugen vergleichbare Jagdflugzeuge kapitalistischer Länder noch 12,7-mm-Waffen, was sich vor allem in den Luftkämpfen über Korea als Vorteil für die MiG-15 erwies. Die bereits im Großen Vaterländischen Krieg der Sowjetunion benutzten Typen von Flugzeugkanonen wurden durch neuere Modelle ersetzt. So war bei den 23-mm-Kanonen bereits 1945 an die Stelle der WJa-23 (1940) die NS-23 getreten.

Bei den neuen Waffen war es den Konstrukteuren gelungen, die Masse bedeutend herab-

zusetzen (WJa-23: 66 kg; NS-23: 37 kg). Im Ergebnis dessen konnten mehr Waffen als zuvor eingebaut oder größere Munitionsmengen mitgeführt werden.

In welcher Art die Konstrukteure die Flugzeugwaffen weiter vervollkommneten, läßt sich am Beispiel der 23-mm-Kanone verdeutlichen: Die ab 1949 gebaute NR-23 weist nicht nur eine verbesserte Patronenzuführung auf, sondern sie hat auch eine von 550 auf 850 Schuß/min gesteigerte Feuergeschwindigkeit.

Wie bei sowjetischen Waffenneuentwicklungen oft üblich, kann aus dem Nachfolgemodell die Munition des Vorgängers verschossen werden. So ist für die MiG-15bis (mit zwei Kanonen NR-23) die gleiche Munition wie für die MiG-15 (mit zwei NS-23) verwendbar gewesen. Die Abkürzung NR weist auf die Konstrukteure A. Nudelman und A. Richter hin, während die NS-23 von A. Nudelman und A. Suranow entwickelt worden war.

Als sehr vorteilhaft hatte es sich erwiesen, mehrere Kanonen verschiedenen Kalibers zu koppeln. Geradezu ein Musterbeispiel dafür war die bei mehreren MiG-Typen benutzte Kombination von zwei 23-mm-Kanonen an der linken und einer 37-mm-Kanone an der rechten Rumpfseite, wie sie in der NVA bei der MiG-15, der MiG-15bis, der MiG-17 und der MiG-17F vorhanden war. Von Vorteil war insbesondere, daß alle drei Waffen mit der dazugehörenden Munition von 1 x 40 Granaten 37 mm und 2 x 80 Granaten 23 mm auf einer gemeinsamen Lafette untergebracht waren, die an vier Stahlseilen herabgelassen und schnell nachmunitioniert werden konnte.

Aufmunitionieren mit 57-mm-Raketen S-5

Anbringen der Raketenkassetten an einem Hubschrauber Mi-8T

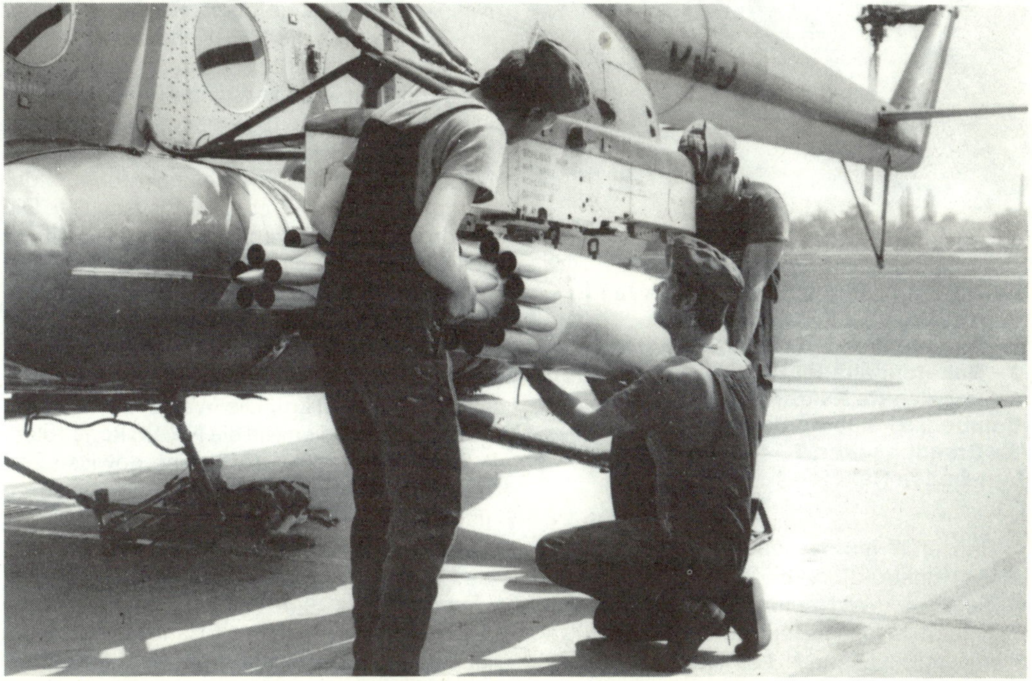

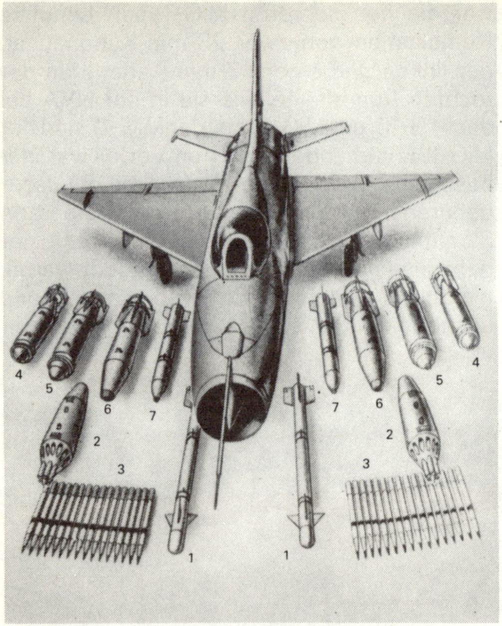

Bewaffnungsmöglichkeiten eines Jagdflugzeuges vom Typ MiG-21PFM
1 – selbstlenkende Luft-Luft-Raketen;
2 – Raketenbehälter UB-16;
3 – ungelenkte Raketen S-5; 4 – 250-kg-Bomben; 5 – 500-kg-Bomben;
6 – Brandbehälter; 7 – großkalibrige Luft-Boden-Raketen

Bei der 37-mm-Kanone handelte es sich um eine Konstruktion, die von dem Kollektiv A. Suranow, W. Nemenow, A. Richter und P. Gribkow geschaffen wurde und ab 1946 die 37-mm-Kanone NS-37 (11P-37) von 1942 ersetzte. Bei der N-37 war es den Konstrukteuren im Vergleich zur NS-37 gelungen, die Masse von 150 kg auf 103 kg zu senken, die Ausmaße zu verringern und die Feuergeschwindigkeit von 250 auf 400 Schuß/min zu erhöhen. Verbunden war das mit dem Verringern der Anfangsgeschwindigkeit von 900 auf 690 m/s, die für eine Waffe dieses Kalibers völlig ausreichte.

Infolge der Kombination beider Kaliber bei den Jagdflugzeugen MiG-15/MiG-17 konnten innerhalb einer Sekunde sechs bis sieben 37-mm-Granaten und dreißig Granaten vom Kaliber 23 mm abgefeuert werden. Das war ein Grund dafür, die MiG-17 nach ihrem Ausscheiden als Jagdflugzeug noch längere Zeit als Jagdbomber zu verwenden, wie das auch in der NVA etwa ab 1970 geschah.

Die MiG-19S war mit drei 30-mm-Kanonen NR-30 bewaffnet, für die ein großer Mündungsfeuerdämpfer charakteristisch war. Die an der rechten Rumpfseite der MiG-21F-13 völlig verkleidet eingebaute NR-30 war dagegen an der Mündung glatt. Der Kanonentyp NR-30 ist im Jahr 1954 in die Bewaffnung der sowjetischen Luftstreitkräfte aufgenommen worden (Masse 66 kg, gleichkalibrige britische ADEN: 90 kg). Die Waffe ist nach den gleichen Prinzipien wie die NR-23 konstruiert.

Die MiG-21F-13 war für eine gewisse Zeit das letzte mit einer Kanone bewaffnete Jagdflugzeug der NVA, da die Entwicklung von Flugzeugrohrwaffen längere Zeit stagnierte und sich die Taktik dem Raketengefecht zuwandte. Die in den militärischen Konflikten jener Jahre gewonnenen Erfahrungen führten jedoch zu der Auffassung, daß Jagdflugzeuge

Das 12,7-mm-MG in der Bodenwanne des Hubschraubers Mi-4A

sowohl mit modernen Schnellfeuerkanonen als auch mit gelenkten und ungelenkten Raketen bewaffnet sein müssen. Ein sichtbares Ergebnis dieser Erkenntnis war das nachträgliche Anbringen von Kanonenbehältern an den bislang nur mit Raketen bewaffneten Jagdflugzeugen. So erhielt die Version MiG-21SPS-K die Möglichkeit, statt des Kraftstoffzusatzbehälters unter dem Rumpf eine Gondel GP-9 aufzunehmen, in der eine doppelrohrige 23-mm-Kanone GSch-23 samt Munitionsvorrat untergebracht ist. Bei allen folgenden MiG-21-Versionen ist dieser Kanonentyp dann im Rumpfunterteil fest installiert worden.

Eine Luft-Luft-Rakete K-13 wird an einer MiG-21F-13 angebracht

Die Raketen RS-2U einer MiG-19PM

Handelten Jagdflugzeuge sowjetischer Bauart dieser Zeit gegen Bodenziele, so waren sie mit den universellen ungelenkten Luft-Boden-Raketen S-5 bewaffnet. Diese 880 mm langen, 3,8 kg schweren und mit einer Gefechtsladung von 800 g versehenen Raketen haben ein Kaliber von 57 mm. Gestartet werden sie je nach Aufgabe und Ziel paarweise oder in Salve aus Kassetten für acht (UB-8), 16 (UB-16) oder 32 (UB-32, vor allem bei Kampfhubschraubern und Jagdbombern verwendet) Raketen.

Zu den Luft-Luft-Raketen gehörten Typen, die nach unterschiedlichen Verfahren gelenkt wurden, verschiedene Kaliber und Reichweiten hatten. Sie versetzten den Flugzeugführer in die Lage, seine Aufgabe unter allen Bedingungen zu erfüllen. Über Luft-Luft-Raketen gibt es bisher keine Angaben aus der sowjetischen Literatur.

Augen durch Nacht und Wolken

Bereits im Verlauf des zweiten Weltkrieges hatte es sich erwiesen, daß zum Abfangen von Luftzielen in der Nacht, bei schlechter Sicht sowie in den Wolken Jagdflugzeuge benötigt werden, die mit Funkmeßvisieren ausgerüstet sind. Die Notwendigkeit derartiger Allwetter-Abfangjagdflugzeuge verstärkte sich mit dem Übergang zum Strahlantrieb. Folgerichtig entwickelten sowjetische Konstrukteure Versio-

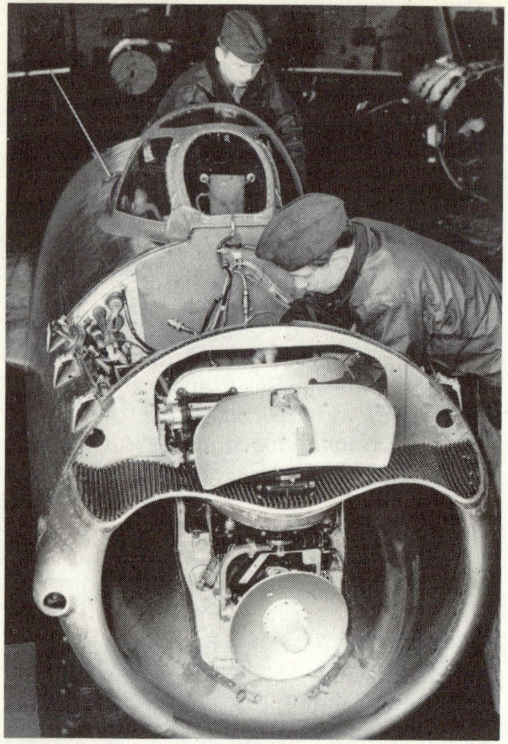

Die Funkmeßausrüstung der MiG-17PF bei abgenommener Verkleidung

nen bewährter Strahljagdflugzeuge, die mit einem Funkmeßvisier ausgestattet waren. Einher ging damit die Entwicklung leistungsfähiger Bodenfunkmeßstationen.

Im Gegensatz zu den zweisitzigen Abfangjagdflugzeugen des zweiten Weltkrieges sowie zu mehreren Typen mit Strahlantrieb (z. B. Allwetter-Abfangjagdflugzeug Jak-25P der sowjetischen Luftverteidigung) waren die von der UdSSR an die NVA gelieferten Abfangjagdflugzeuge bislang alle einsitzig. Die erste Generation eines Allwetter-Abfangjagdflugzeuges in der NVA stellte die MiG-17PF dar. Mit Hilfe der sowjetischen Genossen lernten es die Flugzeugführer der NVA relativ schnell, nach den MiG-15bis und MiG-17F auch die MiG-17PF zu beherrschen.

Wie bei den anderen Strahlflugzeugen, so wurden auch die Flugzeugführer der MiG-17PF von den Steuerleuten und Jägerleitoffizieren der Gefechtsstände mit Hilfe der Ortung durch die Jägerleitstationen P-20, P-25 oder P-30 (später auch P-35 und andere) sowie spezieller Höhenfinder über Funk an die Luftziele herangeleitet. In der letzten Phase des Abfangens mußte der Flugzeugführer sein Ziel visuell ausmachen und je nach Lage den Angriff aufbauen. Da das in den Wolken oder bei dunkler Nacht nicht möglich war, mußte das Bordfunkmeßgerät helfen.

An diesem Bordfunkmeßgerät war die MiG-17PF bereits äußerlich leicht von der MiG-17 beziehungsweise der MiG-17F zu unterscheiden (P steht für Abfänger, F für Nachbrenner). Die Rumpfspitze endete oben in einer breiten, charakteristischen Lippe. Das war die aus glasfaserverstärktem Plast bestehende Verkleidung für die Antenne des Übersichtskanals. Darunter befand sich im Lufteinlauf eine kleine Kuppel, die ebenfalls die elektromagnetische Energie ohne Behinderung passieren ließ. Unter ihr verbarg sich die Antenne des Zielkanals. Während die ersten MiG-17PF noch mit dem Bordfunkmeßgerät «Isumrud-1» (RP-1) ausgestattet waren, wiesen die an die NVA gelieferten Maschinen schon die verbesserten Geräte vom Typ RP-5 («Isumrud-5») auf.

Da die damaligen Funkmeßanlagen noch recht schwer waren, hatte man bei der MiG-17PF auf die 37-mm-Kanone N-37 verzichtet und dafür an der rechten Seite eine dritte 23-mm-Waffe NR-23 installiert.

Die Funkmeßgeräte der Serie «Isumrud» bezeichnete man nach ihrer Bauweise als Zwei-Antennen-Konstruktionen. Sie funktionierten nach folgendem Prinzip: Das im 3-cm-Bereich arbeitende Bordfunkmeßgerät tastete mit seiner oberen Antenne den Luftraum vor dem Flugzeug im Azimutbereich $\pm 60°$ sowie in einem Winkel von $+26°$ bis $-60°$ ab. Bis zu einer Entfernung von 12 km konnten Ziele vor der Maschine erfaßt werden. Die Information darüber gelangte auf einen Bildschirm, der sich im Blickfeld des Flugzeugführers befand. Die Lage des Zielzeichens auf dem Bildschirm verdeutlichte die Winkelabweichung und die Entfernung zum Ziel. So zeigte ein winziger Strich an, ob sich das Ziel über oder unter dem abfangenden Flugzeug befand.

Hatte der Flugzeugführer – nach dem Heranleiten vom Boden aus hinter das Ziel – dieses auf dem Bildschirm seines RP-5 entdeckt, dann war es seine Aufgabe, so zu manövrieren, daß die Zielanzeige in ein Rechteck des Bildschirmes gelangte. Die Seiten des Rechtecks bildeten die Entfernungslinie 4 km und der Azimut $\pm 5°$. War durch das weitere Annähern der MiG-17PF an das Luftziel die richtige Entfernung erreicht, so schaltete sich statt der

Antenne des Übersichtskanals automatisch die kreisförmige Antenne des Zielkanals ein, dessen Reichweite 2 km betrug. Das Diagramm dieser Antenne konnte sich vertikal um 2,5° und horizontal um 5° bewegen.

Durch Verändern des Anzeigesystems hatte der Flugzeugführer die Möglichkeit, die Lage des Zieles genauer zu bestimmen. Neben dem Bildschirm gab es zwei Lampen. Die grüne leuchtete, wenn sich das Ziel im Bereich von 3000 m bis 265 m (darunter tote Zone des Funkmeßgerätes) befand. Eine rote Lampe zeigte an, wenn die Entfernung von 500 m zum Ziel unterschritten wurde (Sicherheitszone). Die Anzeige des künstlichen Horizontes auf dem Bildschirm stellte eine zusätzliche Information dar. Mit dem Bordfunkmeßgerät RP-5 wirkte das optische Zielgerät ASP zusammen, womit die Winkelkorrektur berücksichtigt werden konnte.

Mit gelenkten Raketen

Ein Ausdruck für die Entwicklung auf elektronischem Gebiet in den fünfziger Jahren war einmal die Einführung funkmeßgelenkter (leitstrahlgelenkter) Raketen in die Flugzeugbewaffnung. Zum anderen zeigte sich der Fortschritt auf diesem Gebiet darin, daß leichtere, störfestere Funkmeßgeräte mit größerer Reichweite in die Flugzeuge eingebaut werden konnten.

Miniaturisierte Baugruppen machten es möglich, das Fernsteuerungssystem in den relativ kleinen Flugzeugraketen unterzubringen. Die Konstruktion ferngelenkter Flugzeugraketen trug der Tendenz zur wachsenden Fluggeschwindigkeit und Flughöhe sowie den gegen Feuereinwirkung widerstandsfähiger gewordenen Luftkampfmitteln Rechnung.

Der erste mit gelenkten Raketen bewaffnete sowjetische Abfangjäger war die MiG-17PFU, der zweite die MiG-19PM. Die NVA übernahm die Version MiG-19PM, das erste sowjetische Überschalljagdflugzeug, im Jahr 1959. Die MiG-19PM hatte keine Kanonenbewaffnung. Sie trug unter jedem Tragflügel zwei Aufhängevorrichtungen APU-4 für die mit je einem Annäherungszünder ausgerüsteten Luft-Luft-Raketen RS-2U (auch als K-5 bezeichnet). Das Funkmeßgerät RP-2U («Isumrud-2») der MiG-19PM entsprach im wesentlichen dem Gerät RP-5. Änderungen gab es vor allem durch die Ergänzung mit einem

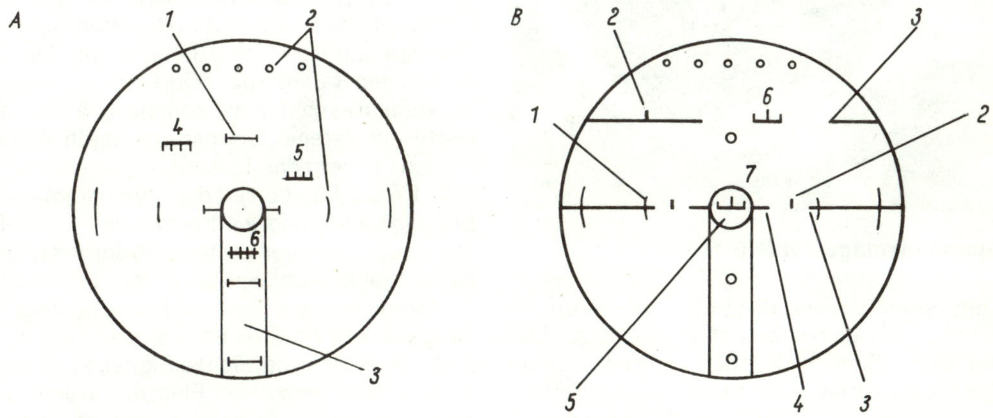

Bildschirm einer MiG-17PF
A – Arbeit im Übersichtsbetrieb
1 – Entfernungsskala (je 5 km); 2 – Azimutskala (je 15°); 3 – Abfangbereich; 4 – Zielanzeige (etwa 15° links, Entfernung 15 km, unter dem Abfänger); 5 – Zielanzeige (etwa 15° links, Entfernung etwa 12 km, über dem Abfänger); 6 – Zielanzeige (7 km vor dem Abfänger)
B – Arbeit im Zielbetrieb
1 – Entfernungsskala (je 5 km); 2 – Anzeige der Entfernung zum Ziel; 3 – maximale Entfernung der wirksamen Schußabgabe; 4 – minimale Entfernung; 5 – Visierkreis; 6 – Ziel rechts über dem Abfänger, Entfernung über maximaler Distanz zur Schußabgabe; 7 – Schußposition (Zielanzeige im Visierkreis, ständige Entfernungsanzeige zum Ziel zwischen minimaler und maximaler Schußentfernung)

Funkmeßanlage der MiG-19PM

Leitsystem für die Luft-Luft-Raketen. Auf die veränderte Reichweite des Funkmeßgerätes deutet die Tatsache hin, daß die grüne Lampe dann aufleuchtete, wenn sich das Ziel in einer Entfernung von 3500 m bis 1500 m befand; die rote Lampe signalisierte das Erreichen der Sicherheitszone bei 2000 m.

Wurde die 83 kg schwere RS-2U gestartet, so flog sie auf dem von der Zielsuchantenne auf das Luftziel gerichteten elektromagnetischen Leitstrahl mit einer Geschwindigkeit von 1650 km/h in Richtung Luftziel. Nach der Annäherung an das Ziel detonierte der Gefechtskopf der Rakete. Notwendig war es also, daß der Flugzeugführer den Leitstrahl (sog. signalgleiche Zone) seines Funkmeßgerätes während des gesamten Abfangprozesses auf das Ziel richtete; erst danach konnte er weitere Manöver ausführen.

Mit dem Übergang der NATO auf Bomber und Jagdbomber, die im Überschallbereich operierten und als Träger von Kernladungsbomben auch einzeln eine große Gefahr darstellten, sahen sich die Konstrukteure der sowjetischen Verteidigungsindustrie vor neue Anforderungen an Abfangjagdflugzeuge und an das System der Luftverteidigung gestellt.

Um Luftziele möglichst weit vor den eigenen Grenzen aufklären und bereits vor den zu deckenden Räumen oder Objekten vernichten zu können, schuf man komplexe automatisierte Leitsysteme, in denen das Jagdflugzeug nur *ein* Element darstellt.

Im Prinzip funktioniert das folgendermaßen: Ständig arbeitende, weitreichende Funkmeßstationen tasten den Luftraum in den verschiedenen Höhenbereichen ab. Orten sie ein Luftfahrzeug, tritt das Freund-Feind-System in Tätigkeit und fragt es ab. Erscheint auf dem Bildschirm ein zusätzliches Signal, so bedeutet das: Vom georteten Flugzeug wurde mit dem richtigen Code geantwortet; es ist also ein eigenes. Antwortet es nicht, so ist es ein fremdes Flugzeug, ein Luftziel, dessen Absicht zu ermitteln ist. In einem solchen Fall wird der aus der Startbereitschaft am Boden alarmierte oder aus einer Wartezone in der Luft abberufene Abfänger an das Luftziel herangeleitet. Das kann – wie bis dahin mit den MiG-17, MiG-19 und MiG-21F-13 geschehen – über Funk erfolgen, wobei der Jägerleitoffizier vom Boden aus den Kurs, die Höhe und die Geschwindigkeit befiehlt.

Bei den MiG-21 der weiteren Generation war es darüber hinaus auch möglich, die Flugzeugführer mit Hilfe der neuen Einrichtung «Lasur» automatisiert zu leiten. Typisch dafür ist, daß nach Überprüfung der Arbeitsbereitschaft der Geräte zwischen Bodenleitstelle (Gefechtsstand) und Flugzeugführer Funk-

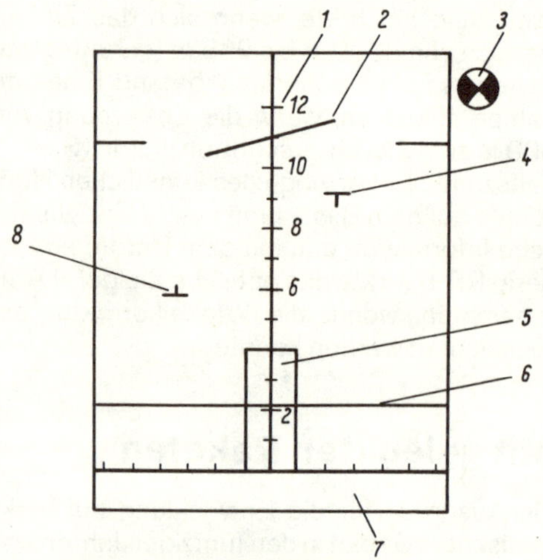

Funkmeßvisier der MiG-19PM im Übersichtsbetrieb
1 – Entfernungsskala, 2 – künstlicher Horizont; 3 – grüne Lampe; 4 – Zielanzeige (Entfernung 9 km, 25° rechts, unter dem Abfänger); 5 – Rechteck des Abfangens; 6 – Linie der toten Zone der Raketen RS-2U; 7 – Azimutskala; 8 – Zielanzeige (Entfernung 6 km, über 30°, links über dem Abfänger)

stille herrscht. Die Entscheidungen auf dem Boden werden mit Hilfe eines Rechners getroffen, der die Funkmeßdaten der eigenen sowie weiterer Funkmeßstationen für die Ermittlung der ständig optimalen Flugstrecke des Abfängers zum Luftziel verwendet. Berechnungsgrundlage ist jeweils die Voraussetzung, daß das Treffen des Abfängers mit dem Luftziel an dem befohlenen Abschnitt stattfindet. Für das Heranführen an das Ziel gab es zu Beginn der 60er Jahre, als ein derartiges automatisiertes Leitsystem aufkam, viele Leitmethoden, wobei die grundsätzlichen die der parallelen Annäherung und die Radiodrome (allgemein als «Hundekurve» bezeichnet) waren.

Eine Radiodrome beschreibt ein Flugzeug, wenn der Geschwindigkeitsvektor über die gesamte Flugdauer auf das Ziel gerichtet ist. Bei der parallelen Annäherung besteht zwischen der Flugbahn des Zieles und der des Abfängers ein konstanter Winkel. Jede dieser Methoden hat ihre Vor- und Nachteile. Die «Hundekurve» ist hinsichtlich ihrer Flugstreckenlänge nicht optimal. Dafür ist sie jedoch einfach, und sie erlaubt es, Manöver des Zieles auszugleichen. Die parallele Annäherung verläuft auf dem kürzesten Wege, setzt jedoch eine geradlinige Flugrichtung des Zieles voraus.

Für das Beispiel unserer auf das Luftziel geleiteten MiG-21 haben beide Grundmethoden des Abfangens einen Nachteil: Das Jagdflugzeug nähert sich dem Ziel auf einem Begegnungskurs. Die Bewaffnung des Abfängers setzt jedoch voraus, daß er sich zum Abfangen hinter dem Luftziel befinden muß. Deshalb ist vom Boden aus eine kombinierte Methode anzuwenden: In der ersten Phase wird der Abfänger in die vorausberechnete Luftzone geleitet, in der zweiten Phase erfolgt das Einkurven in Richtung des Zieles sowie die Einnahme der Position in der hinteren Halbsphäre des Zieles. Danach – in der dritten Phase – wird das Ziel auf dem kürzesten Weg nach der Methode der parallelen Annäherung verfolgt.

Die für den gesamten Flug notwendigen Kommandos werden vom Boden aus nicht über Sprechfunk, sondern chiffriert mit einem gegen Störungen widerstandsfähigen Code über Funk zum Abfänger übermittelt. Dort werden sie von telemetrischen Geräten empfangen, deren Antenne sich im Vorderteil der Stabilisierungsflosse unter dem Rumpfheck befindet. Nach dem Dechiffrieren der Kommandos werden diese mit Hilfe von Anzeigen

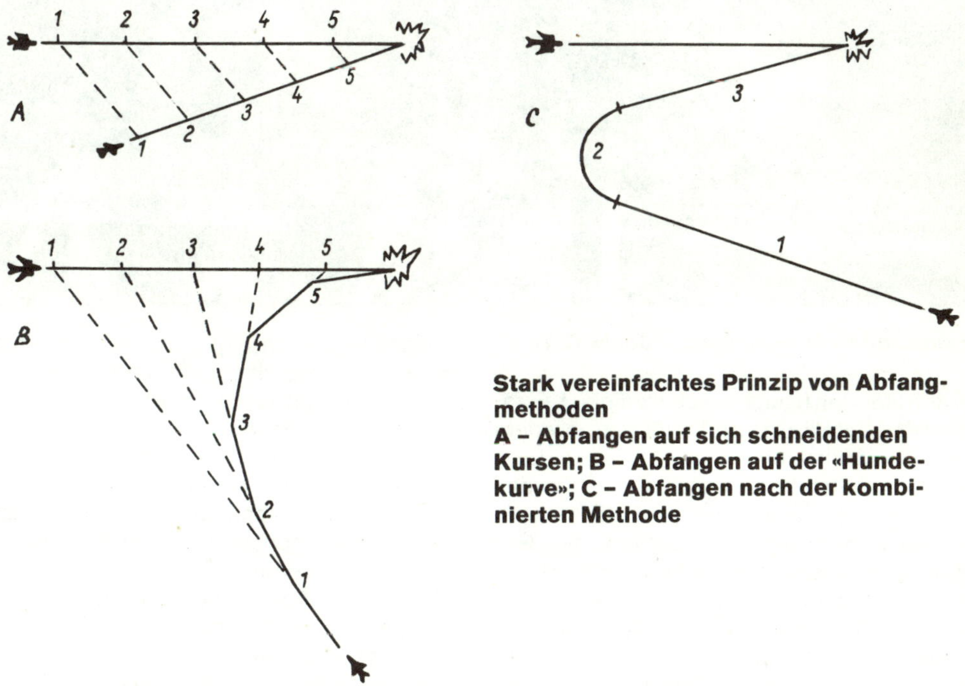

Stark vereinfachtes Prinzip von Abfangmethoden
A – Abfangen auf sich schneidenden Kursen; B – Abfangen auf der «Hundekurve»; C – Abfangen nach der kombinierten Methode

Demontiertes Funkmeßvisier der MiG-21

auf den Geräten (Kurs, Geschwindigkeit, Flughöhe) dargestellt. Dazu befindet sich an jedem Gerät ein kleines, bewegliches Dreieck. Legt die Bodenleitstelle beispielsweise für das Flugzeug die Geschwindigkeit 1800 km/h fest, so bewegt sich das Dreieck des Geschwindigkeitsanzeigers auf diesen Wert. Die Aufgabe des Flugzeugführers besteht nun darin, die Geschwindigkeit so zu regulieren, daß die vorgeschriebenen 1800 km/h erreicht und bis zur nächsten Korrektur gehalten werden.

Neben Daueranzeigen lassen sich auch einmalige Kommandos übermitteln; beispielsweise «Ziel von links», «Entfernung», «Nachbrenner einschalten» oder «Funkmeßvisier einschalten». Auf diese Art werden vom Boden aus Abfangjagdflugzeuge in der ersten und zweiten Etappe eines Luftkampfes in eine taktisch günstige Ausgangsposition an ein Luftziel herangeführt, wobei kaum ein Wort gesprochen werden muß. In der zweiten Etappe, der Annäherung, hat der Flugzeugführer schon direkten Kontakt mit dem Luftziel.

Bei der MiG-21F-13 war das ebenso wie bei der MiG-15bis, der MiG-17F und der MiG-19S noch der visuelle Kontakt. Mit der MiG-21PFM verfügten die Jagdflieger der NVA jedoch über ein Überschalljagdflugzeug, dessen Bildschirm in dieser Phase Luftziele auch in der Nacht und bei schlechten Wetterbedingungen bereits auf eine Entfernung von 20 km erkennen ließ. Im Gegensatz zu den vorher verwendeten Funkmeßvisieren hat die MiG-21PFM ein aerodynamisch günstigeres, bequemer anzuwendendes und zu wartendes Ein-Antennen-Gerät: Dieselbe Antenne wird für die Zielentdeckung (Übersichtsbetrieb) und für die Zielbegleitung (Zielbetrieb) verwendet.

Ihr Ziel findet die Antenne des als RP-21 bezeichneten Gerätes, indem sie Pendelbewegungen im Azimut (±30°) und in der Vertikalen (±12°) ausführt. Auf dem vor dem Flugzeugführer befindlichen Bildschirm wird das Ziel im Verhältnis zum eigenen Flugzeug im Azimut und im Höhenwinkel dargestellt, während zusätzliche Anzeigen (Zielhöhe, Zielgeschwindigkeit, Zeit bis zur Feuereröffnung) weitere Informationen vermitteln. Außerdem ist der Flugzeugführer in der Lage, mit dem Kennungs-Gerät (auch als «Freund-Feind-Gerät» bezeichnet) zu überprüfen, ob das auf dem Bildschirm angezeigte Flugzeug ein eigenes oder ein gegnerisches ist.

Das RP-21 wird durch den Flugzeugführer vom Übersichtsbetrieb auf Zielbetrieb umgeschaltet. Dabei erscheinen auf dem Bildschirm weitere Informationen, die für den Waffeneinsatz wichtig sind – so maximale und minimale Entfernung für die wirksame Zielbekämpfung.

Mit der MiG-21 verfügten die Jagdflieger der NVA erstmals über ein Jagdflugzeug mit

Luft-Luft-Raketen, die auf die Wärmeausstrahlung der Triebwerke von Luftzielen reagieren. Gegenüber funkmeßgelenkten Raketen haben sie den Vorteil, daß der Flugzeugführer nach dem Start der Raketen sofort Manöver ausführen kann, also nicht ständig das Ziel mit dem Leitstrahl seines Funkmeßgerätes verfolgen muß.

Natürlich haben infrarotgelenkte Luft-Luft-Raketen auch Nachteile. So ist beispielsweise beim Abfangen von Luftzielen der Stand der Sonne zu beachten. Auch angestrahlte Wolken im Hintergrund des Zieles sind ungünstig. Diese Raketenart darf erst gestartet werden, wenn sich das Wärmesignal des Zieles deutlich vom Hintergrund unterscheidet. Nähert sich der Abfänger dem Ziel, so schaltet der Flugzeugführer rechtzeitig die Zielsuchköpfe der Infrarot-Raketen ein. Nach dem Erfassen des Zieles durch den Zielsuchkopf erhält der Pilot das Bestätigungssignal zum Start der Raketen (Lampe an der Gerätetafel, akustisches Signal in den Kopfhörern).

Die hier angedeutete Entwicklung zu immer höherer Wirksamkeit der Abfangjagdflugzeuge hat sich mit der Übernahme modernerer MiG-21-Versionen und schließlich der MiG-23 natürlich noch weiter fortgesetzt. Das betrifft den Einsatzbereich der Waffen und die Reichweite der Funkmeßgeräte ebenso wie die Genauigkeit aller Systeme oder die Komplettierung der Navigationsausrüstung, um die Tätigkeit des Flugzeugführers zu erleichtern.

Nach wie vor bleibt das Abfangen von Luftzielen jedoch ein komplizierter und äußerst dynamisch verlaufender Prozeß. Soll er im Interesse eines ständig sicheren Luftraumes erfolgreich sein, so ist Voraussetzung, daß die zahlreichen für den Start und den Flug eines Flugzeuges notwendigen Spezialisten ihre Technik – vom Tankwagen bis zum Bodennavigationsgerät – genau kennen, sicher beherrschen und deren Parameter alle ausnutzen.

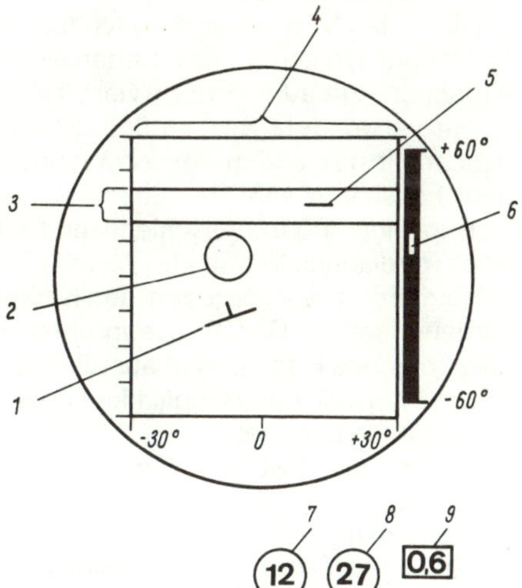

Funkmeßvisier der MiG-21PFM im Übersichtsbetrieb (links)
1 – Index, der die Lage des Flugzeuges im Raum anzeigt; 2 – Visierkreis; 3 – Anzeige der Zielentfernung; 4 – Azimutsektor = 60°; 5 – Zielanzeige; 6 – Anzeige für den Höhenwinkel; 7 – Anzeige für die Zielhöhe; 8 – Anzeige für die Zielentfernung; 9 – Zeit in Minuten bis zum Umschalten in den Zielbetrieb

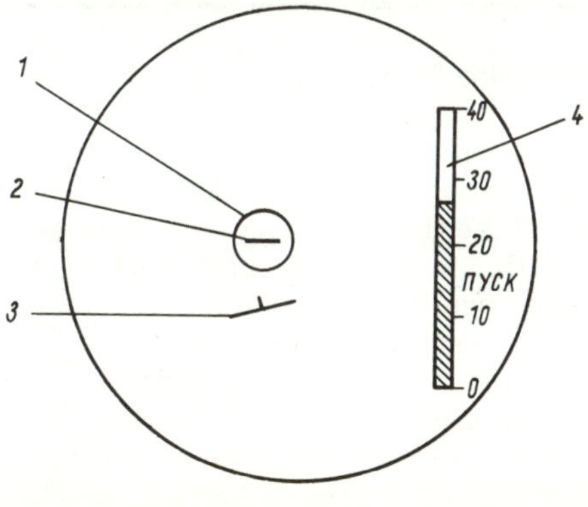

Funkmeßvisier der MiG-21PFM im Zielbetrieb (rechts)
1 – Visierkreis; 2 – Ziel; 3 – Index zur Lage des Flugzeuges; 4 – Zeit in Sekunden bis zum Start der Rakete(n)

Katapultsitz und Überdruckanzug

Zu den vielen Veränderungen, die sich aus der Entwicklung der Flugzeugtechnik direkt für das fliegende und für das fliegeringenieurtechnische Personal ergaben, zählen auch die auf dem Gebiet der Rettungseinrichtungen. Sowohl der Flugzeugführer als auch der Flugzeugtechniker, der Flugzeugwart oder die An-

Waffen von Flugzeugen und Hubschraubern der NVA (1956–1970)

Typ	UBS	UB	A-12,7	NR-23	N-37	NR-30
Kaliber in mm	12,7	12,7	12,7	23	37	30
v_0 in m/s	814...850	814... 850	785...825	690	690	780
Feuergeschwindigkeit in Schuß/min	700...800	850...1050	800...1000	850	400	900
Masse in kg	21,45	21,45	25,5	39	103	66
Geschoßmasse in g	48	48	48	200	735	410
Flugzeug-/ Hubschraubertyp	Jak-11	MiG-15UTI	Mi-4A	MiG-15bis MiG-17 MiG-17F MiG-17PF Il-28	MiG-15bis MiG-17 MiG-17F	MiG-19S MiG-21F-13
Serienbau ab	1940	1940	1953	1949	1946	1954

Ungelenkte Rakete S-5

Kaliber in mm	Gesamtmasse in kg	Masse der Gefechtsladung in kg	Länge in mm	Hubschrauber-/Flugzeugtyp
57	3,8	0,8	880	Mi-8T, MiG-19S, alle MiG-21-Versionen

gehörigen des Fallschirmdienstes sowie des Trupps für Rettungs- und Sicherheitsgeräte, der Wartungs- und Reparatureinheiten mußten jeweils dem neuesten Stand entsprechend ausgebildet und befähigt sein.

Natürlich gab es bereits in der Jak-18 und der Jak-11 Rettungseinrichtungen. Sie bestanden jedoch lediglich darin, daß jeder Flugzeugführer oder Flugschüler vor dem Besteigen des Flugzeuges seinen Fallschirm anlegte, auf dem er dann saß. Im Notfall war mit Hilfe einer speziellen Einrichtung das Kabinendach abzuwerfen, das Flugzeug zu verlassen und der Fallschirm zu öffnen.

Das war mit dem Übergang zum Strahlantrieb nicht mehr möglich. Fachleute hatten errechnet, daß es bei einer Fluggeschwindigkeit über 400 km/h so gut wie unmöglich ist, ein Flugzeug unverletzt zu verlassen. Die gestiegene Fluggeschwindigkeit bewirkte zudem, daß der Mensch bei etwa 700 km/h nicht mehr ohne Hilfe den Luftwiderstand überwinden kann, da auf ihn eine Kraft von etwa 6000 N einwirkt. Deshalb entstanden bereits während des zweiten Weltkrieges für die mit über 600 km/h fliegenden Jagdflugzeuge erste Katapultsitze oder Schleudersitze, wie man diese von einer Pyroladung hinausbeförderten Sitze auch nannte und nennt.

In der UdSSR sind derartige Rettungsgeräte bis zum Jahr 1947 an Bord von Kolbenmotor-Bombenflugzeugen Pe-2 praktisch erprobt worden. Seit dieser Zeit stattete man in der UdSSR zunächst die Jagd- und bald darauf auch die Bombenflugzeuge serienmäßig mit Katapultsitzen aus.

Die ersten Sitze – wie sie noch für die MiG-15-Periode typisch waren – hatten einen recht einfachen Aufbau. Im Prinzip war es der schon früher verwendete Sitz, an den der Pilot angeschnallt war und in dessen Wanne er auf dem Fallschirm saß. Der Sitz selbst befand sich in einer Führungsschiene und war mit einer Pyroladung bestückt.

Kompliziert war dagegen der Katapultiervorgang selbst. Der Flugzeugführer mußte dazu folgende Handlungen ausführen:

- das Flugzeug nach Möglichkeit in den Horizontalflug bringen;
- den Körper fest gegen die Rückenlehne des Sitzes drücken und die Anschnallgurte verriegeln;
- den Notwurfhebel des Kabinendaches voll nach vorn drücken und das Kabinendach abwerfen;
- nach dem Abwurf des Kabinendaches die Füße auf die Fußrasten des Sitzes stellen, den Körper fest gegen die Rückenlehne pressen, den Kopf gegen das Kopfpolster drücken;
- ohne die Haltung zu verändern, mit den

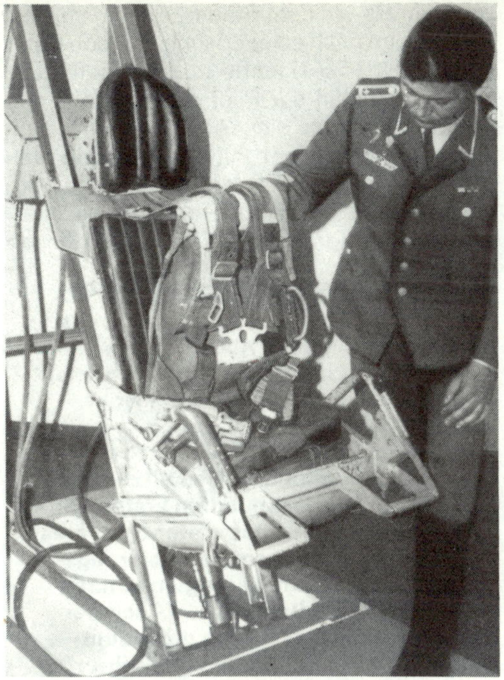

Katapultier-Trainingsgerät für MiG-15 und MiG-17, mit dem die Handgriffe beim Katapultiervorgang geübt werden konnten

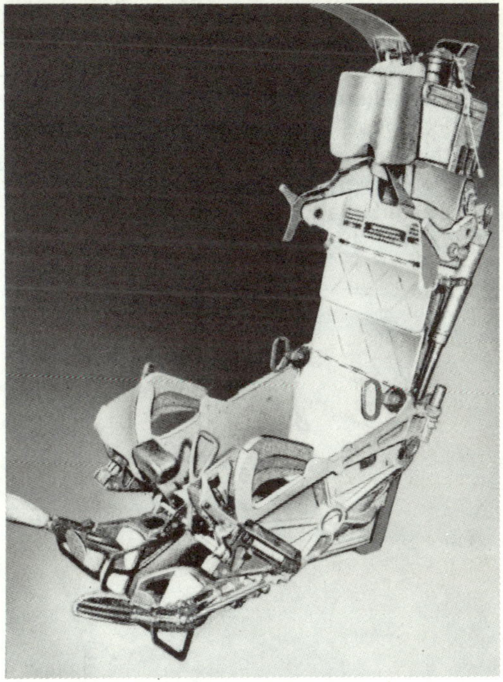

Katapultsitz SK

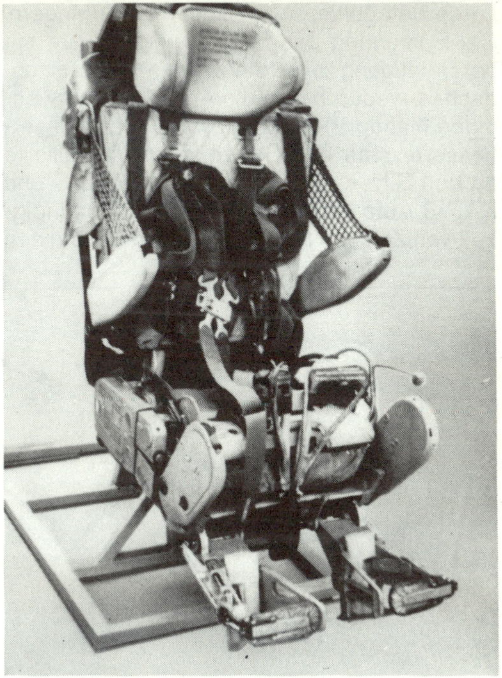

Katapultsitz KM-1

Fingern der rechten Hand den Abzugsbügel drücken;

- 1,5 bis 2 Sekunden nach dem Katapultieren das Gurtschloß öffnen, sich energisch vom Sitz abstoßen und nach der erforderlichen Verzögerung den Fallschirm öffnen.

Dieser in die Jak-23 und die MiG-15 eingebaute Katapultsitz sicherte ein Verlassen des Flugzeuges bei einer Geschwindigkeit bis 700 km/h in Höhen über 250 bis 300 m. In geringerer Höhe konnte sich der Fallschirm nicht mehr entfalten. Im Notfall mußte also unbedingt Flughöhe gewonnen werden.

Auf die hier geschilderte Weise konnten sich der Flugzeugführer und der Navigator – letzterer nach dem Wechseln von seinem Arbeitsplatz im verglasten Bug auf den Katapultsitz vor der Flugzeugführerkabine – auch aus dem Bombenflugzeug Il-28 katapultieren. Der Bordschütze im Heck ließ sich aus der Bodenluke fallen, die ihm gleichsam als Rutsche dienen konnte, um so ins Freie zu gelangen.

Ebenso wie andere Baugruppen und Details wurden auch die Katapultsitze ständig weiter verbessert. So schuf man Sicherungseinrichtungen, um beispielsweise ein unbeabsichtigtes Katapultieren am Boden zu verhindern. Die Bedienung des Sitzes verband man mit der Betätigung zum Notabwerfen des Kabinendaches, wodurch sich die Anzahl der notwendigen Handgriffe verringerte. Außerdem verbesserte man das Gurtzeug und installierte an den Sitzen die Halbautomaten AD-3 und KAP-3. Automatisch öffneten sie in Abhängigkeit von Zeit und Höhe das Gurtzeug und den Fallschirmverpackungssack. Man legte auch sehr großen Wert darauf, die Zuverlässigkeit aller Einzelteile ständig zu erhöhen, Versager auszuschalten, die physischen Belastungen des Personals zu verringern und die Anfangsgeschwindigkeit des Sitzes beim Katapultiervorgang zu vergrößern.

Da beim Katapultieren aus der MiG-15 keine Möglichkeit bestand, das Gesicht des Flugzeugführers vor dem Staudruck zu schützen, suchte man nach einer Lösung. Für den Katapultsitz der MiG-17 hatte man sie gefunden: Im Notfall nahm der Pilot die Füße aus den Pedalen, stemmte sich fest mit dem Rücken an die Sitzlehne, ergriff mit beiden Händen den in der gepanzerten Kopfstütze des Sitzes eingerollten Gesichtsschutz und zog ihn energisch nach unten. Nach beidhändigem Ziehen

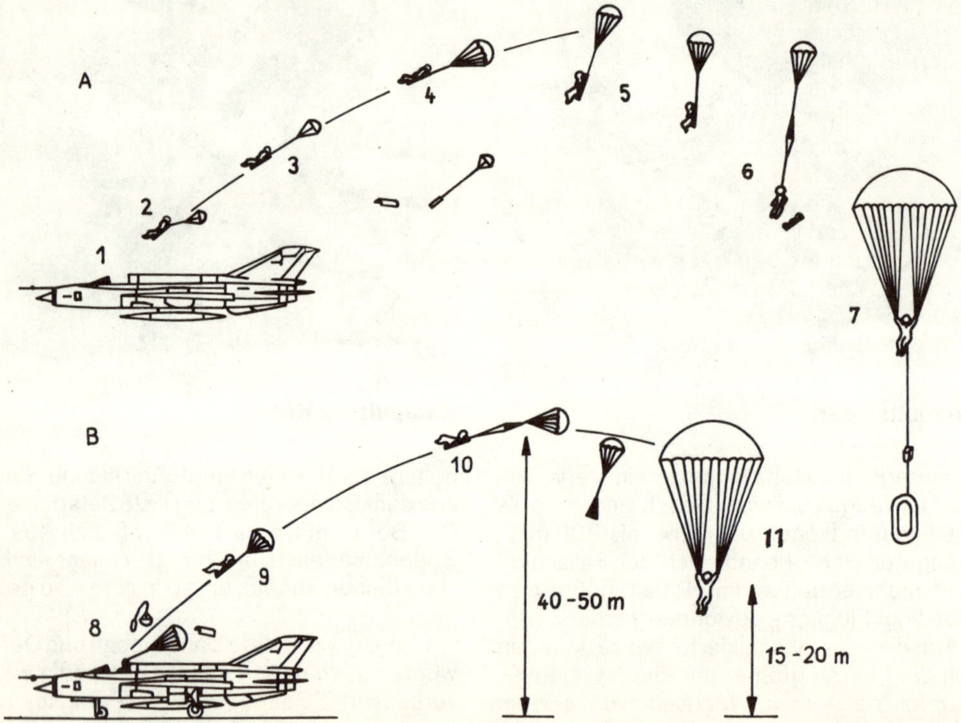

Prinzipieller Ablauf des Katapultierens mit dem Katapultsitz KM-1
A – Beim Flug mit einer Geschwindigkeit von über 500 km/h und in einer Höhe von 3000 m
1 – Absprengen des Kabinendaches; 2 – Herauskatapultieren des Sitzes und seine Stabilisierung mit dem ersten Fallschirm; 3 – Ablösen des ersten Schirmes; 4 – Öffnen des zweiten Stabilisierungsschirmes; 5 – Stabilisierung des Sitzes mit dem zweiten Schirm; 6 – Lösen des Katapultsitzes und Öffnen des Hauptrettungsschirmes; 7 – Flugzeugführer sinkt am Fallschirm zur Erde, unter ihm das persönliche Rettungspaket NAS-7 sowie das aufgeblasene Rettungsboot
B – Beim Rollen am Boden mit einer Geschwindigkeit von etwa 130 km/h
8 – Absprengen des Kabinendaches und gleichzeitiges Herausziehen des ersten und des zweiten Stabilisierungsschirmes; 9 – Stabilisierung mit dem zweiten Schirm; 10 – Ablösen des zweiten Schirmes und Betätigung des Hauptrettungsschirmes; 11 – Sinken des Hauptrettungsschirmes

dieses textilen Schutzes um 140 mm wurde das Kabinendach abgeworfen, die Pyroladung des Sitzes jedoch noch nicht gezündet. Das geschah erst nach dem Herausziehen von 290 mm. Auf diese Weise konnte das Katapultieren bis zu einer Fluggeschwindigkeit von 850 km/h erfolgen. Außerdem war so für den Flugzeugführer eine höhere Sicherheit während des Katapultierens gegeben. In der MiG-15 mußte der Pilot mit der rechten Hand den Abzugsbügel an der rechten Sitzseite betätigen. Versäumte er es angesichts der kritischen Situation, seine linke Hand rechtzeitig in die vorgeschriebene Haltung zu bringen, konnte es zur Verletzung des Armes kommen.

In der MiG-17 war noch eine zweite Katapultiermöglichkeit gegeben: Das Kabinendach konnte durch Betätigen des an der rechten oberen Seite des Gerätebrettes angebrachten Notabwurfhebels abgeworfen werden, danach wurde der Katapultsitz durch Ziehen eines oder beider Abzugsbügel am Sitz selbst ausgelöst. Es war auch möglich, sich durch das geschlossene Dach zu katapultieren, da dieses von der Panzerung des Sitzes, die über den Kopf des Flugzeugführers hinausragte, durchschlagen werden konnte.

Gegenüber den ersten MiG-15-Sitzen verliefen die Handlungen nach dem Verlassen der Kabine automatisiert: Nach drei Sekunden öffnete der Halbautomat selbsttätig die Anschnallgurte des Sitzes. Danach trat der Schirmautomat KAP-3 in Funktion, der nach drei bis fünf Sekunden den Rettungsschirm auslöste. Erfolgte der Absprung aus sehr großen Höhen, so blockierte dieses Gerät das Auslösen des Rettungsfallschirmes, bis eine Höhe von 5000 bis 4000 m erreicht wurde.

Als höhere Geschwindigkeiten geflogen wurden – z. B. mit der MiG-19, trugen die Konstrukteure der Notwendigkeit Rechnung, die Sitze mit einer größeren Kraft herauszuschleudern. Gleichzeitig damit sollte man sich auch in geringeren Höhen als bis dahin üblich katapultieren können.

Bei Flügen mit höheren Geschwindigkeiten konnte es zu einer Kollision des Hinauskatapultierten mit dem Seitenleitwerk kommen. In geringen Höhen bestand das Problem darin, daß die Zeit zum Öffnen des Rettungsfallschirmes nicht ausreichte. Einfach eine größere pyrotechnische Ladung zu benutzen war nicht möglich. Damit wäre die physische Belastung des menschlichen Organismus zu hoch geworden.

Eine Lösung fand man in der sogenannten pyrotechnischen Teleskop-Ladung, die man im Katapultsitz der MiG-19 anwendete. Nach dem eigentlichen Katapultiervorgang schaltete sich ein kleines Raketentriebwerk ein, wodurch sich die Dauer des Katapultiervorganges zeitlich ausdehnte und der Sitz höher stieg, ohne daß ein größeres Lastvielfaches auf den Flugzeugführer einwirkte. Darüber hinaus wies der Katapultsitz der MiG-19 einige weitere Neuerungen auf. Zwar mußte auch hier noch der Gesichtsschutz gezogen werden, um den Piloten vor dem plötzlichen Luftstrom zu bewahren, jedoch liefen bereits mehrere Vorgänge vor dem Verlassen der Kabine automatisch ab: Die Anschnallgurte zogen den Flugzeugführer in die günstigste Haltung, die Füße wurden von Halterungen erfaßt, und der Steuerknüppel wurde nach vorn geführt, um den Flugzeugführer nicht zu behindern. Nach dem Katapultieren mußte er sich nicht mehr vom Sitz abdrücken, sondern dieser löste sich selbständig, damit sich der Fallschirm entfalten konnte. Das geschah auch dann, wenn der Mensch kurzzeitig das Bewußtsein verloren hatte. Immer noch aber mußte das Flugzeug zum Katapultieren eine bestimmte Sicherheitshöhe haben. Das Katapultieren durch das geschlossene Kabinendach war auch bei der MiG-19 möglich.

Eine logische Weiterentwicklung des Gesichtsschutzes beim Katapultiervorgang war das Prinzip, das die Konstrukteure für die MiG-21F-13 sowie für die MiG-21PF und -PFM der ersten Serien anwandten: Beim Katapultieren wurde das Kabinendach nicht mehr abgesprengt, sondern es diente komplett als Schutzschild. Während des Katapultiervorganges legte sich das Kabinendach über den Katapultsitz SK (in der Fachliteratur auch als SK-1 bezeichnet) und bildete eine durchsichtige Sicherheitskuppel über dem Flugzeugführer. Auf diese Art war das Verlassen des Flugzeuges bis zu einer Geschwindigkeit von 1100 km/h möglich. Um sicher katapultieren zu können, waren bei der MiG-21F-13 eine Höhe von mindestens 150 m und eine Geschwindigkeit von mindestens 400 km/h einzunehmen. Die mit dem Sitz SK-1 versehenen MiG-21 sind äußerlich an dem ungeteilten, durchgehenden Kabinendach zu erkennen.

Die ab Mitte der sechziger Jahre ausgelieferten Jagdflugzeuge MiG-21SPS sowie alle weiteren MiG-21-Versionen sind mit den Modifikationen des neuen Katapultsitzes

Flugzeugführerbekleidung in den 50er und zu Beginn der 60er Jahre für die MiG-15 und die MiG-17

KM-1 ausgerüstet, (in der UdSSR auch als SK-3 bezeichnet; seit 1965 in Serienproduktion; erstmals in MiG-21 eingebaut). Ein Sitz dieses Typs ist im Armeemuseum der DDR in Dresden ausgestellt. Dieser auch für die MiG-23 übernommene Sitztyp erfreut sich großer Popularität.

Die grundlegende Veränderung gegenüber dem Sitz SK-1 der ersten MiG-21-Versionen besteht im Verzicht auf den Einsatz des Kabinendaches als Schutzschild. Dieses System hatte sich unter verschiedenen Havariebedingungen als sehr kompliziert erwiesen. Außerdem hatte sich gezeigt, daß der Druckanzug und der Hermetikhelm den sich katapultierenden Flugzeugführer ausreichend vor dem Staudruck schützten.

Der Katapultsitz KM-1 (KM – russ. für Katapultsitz System Mikojan) ermöglicht ein sicheres Verlassen des Flugzeuges bei Fluggeschwindigkeiten bis 1200 km/h und in Flughöhen bis 25 000 m. Es ist auch möglich, das Flugzeug im Notfall am Boden bei Start und Landung sicher zu verlassen, wenn die Geschwindigkeit mindestens 130 km/h beträgt.

Muß sich der Pilot beim Starten oder Landen katapultieren, so ist das sehr schnelle Öffnen des Rettungsfallschirmes notwendig. Das steht im Widerspruch dazu, daß der Fallschirm sich beim Katapultieren mit hohen Geschwindigkeiten erst nach dem Abbremsen des Sitzes öffnen kann. Um den Erfordernissen unter allen Bedingungen nachzukommen, entwickelten die Fachleute für den Sitz KM-1 ein System mit drei einzelnen Schirmen (2 Stabilisierungsschirme und 1 Fallschirm), die sich nacheinander öffnen, den Sitz stabilisieren, ihn abbremsen und den Flugzeugführer sicher zur Landung bringen.

Prinzipiell besteht die Katapultiereinrichtung aus folgenden Baugruppen: Sitzgerüst mit regulierbarer Sitzwanne (einstellbar nach Sitzgröße des Flugzeugführers), Abschußeinrichtung (Energiequelle), Steuereinrichtung (sichert die richtige Ablauffolge der Funktionen von Automaten und Mechanismen), Fixiereinrichtung (für Kopf, Arme und Beine sowie zur Sicherung einer richtigen Sitzhaltung des Piloten), Einrichtung zur Lagestabilisierung im Luftstrom, Schirmsystem, Höhenschutzausrüstung (Sauerstoffversorgung und Druckanzug) sowie persönlicher Notvorrat.

Die einzige Tätigkeit des Flugzeugführers im Notfall besteht darin, diesen Mechanismus mit einem Händedruck auf den Entriegelungshebel und durch beidhändiges Ziehen des Griffes, der sich vor ihm zwischen den Beinen befindet, auszulösen. Der nachfolgende Vorgang umfaßt etwa 30 Tätigkeiten, die programmgemäß ablaufen. Dazu zählen: Anziehen der Schultergurte an die Rückenlehne, um dem Körper die richtige aufrechte Sitzhaltung zu geben; Fixierung der unteren Gliedmaßen mit Hilfe der Fußerfassung: Herabklappen der Armbegrenzer, um ein Verletzen der Arme zu verhindern; Abwurf des Kabinendaches; Trennen des Flugzeugführers von den bordseitigen Anschlüssen, u. a. von der Funkverbindung und der Bordsauerstoffanlage;

Umschalten der Sauerstoffversorgung auf das Notsauerstoffgerät KP-27M in der Fallschirmverpackung (dient zur Atmung während des Sinkens aus großer Höhe); Zünden der Abschußeinrichtung und des Sitzbeschleunigers. Dabei werden das gefahrlose Überfliegen des Leitwerkes ebenso gesichert wie die Stabilisierung des Sitzes durch den sich öffnenden ersten Stabilisierungsschirm. Dieser wird pyrotechnisch abgetrennt und öffnet den zweiten, größeren Stabilisierungsschirm. So wird ein Drehen oder Kippen des Sitzes verhindert. Außerdem ist gewährleistet, daß beim Katapultieren in Höhen über 3000 m der Sitz mit dem Flugzeugführer durch den zweiten Stabilisierungsschirm so lange abgebremst wird, bis sauerstoffreichere untere Schichten erreicht werden. Danach wird über einen Automaten die Löseeinrichtung des Katapultsitzes betätigt, und der Flugzeugführer löst sich vom Sitz. Mit diesem Vorgang wird gleichzeitig durch einen Schirmautomaten der Fallschirm ausgelöst. Bis zur Landung oder Wasserung sinkt der Flugzeugführer am Fallschirm mit einer Geschwindigkeit von 6 m/s.

Muß in geringen Höhen katapultiert werden, so sichert ein Automat, daß nicht erst beide Stabilisierungsschirme in Funktion treten, sondern daß der Fallschirm ohne größere Zeitverzögerung ausgelöst wird. Möglich ist es auch, das Flugzeug ohne Hilfe des Katapultsitzes zu verlassen. Es genügt, sich von den Gurten zu befreien, das Kabinendach abzuwerfen und das Flugzeug mit dem Fallschirm (hinter der Rückenlehne des KM-1-Sitzes untergebracht) und dem Notversorgungspaket NAS-7 (befindet sich in der Sitzwanne) zu verlassen. Das tragbare Notversorgungspaket NAS-7 ist mit dem Flugzeugführer durch eine 15 m lange Leine verbunden und sinkt mit diesem gemeinsam zur Erde.

Geht der Rettungsvorgang über See vor sich, so kann man bereits am Fallschirm das Schlauchboot aus der Verpackung schnellen lassen, um es im Wasser sofort zu besteigen. Das Notfunkgerät kann schon während des Niedergehens am Schirm Signale für die Suchtrupps senden. Das Paket NAS-7 enthält außerdem all das, was in einem solchen Fall zur Notversorgung benötigt wird: Lebensmittel für drei Tage, Trockenbrennstoff, Taschenlampe, Angel, Säge, Messer, Kompaß, Streichhölzer, Munition, Medikamente, Verbandmaterial, Signalmittel (in Form von Rauchpatronen mit orangefarbenem Rauch, Trillerpfeife, Spiegel). Somit ist der heutige Katapultsitz ein komplexes Rettungssystem geworden, an dessen Verbesserung und Weiterentwicklung natürlich gearbeitet wird.

Vor der Beschreibung des Katapultsitzes KM-1 war der Druckanzug erwähnt worden. Erstmals machte sich eine solche Höhenschutzausrüstung für die Flugzeugführer der MiG-19 notwendig. In die MiG-15 und die MiG-17 stiegen die Flugzeugführer nicht anders als früher in die Jak-18 oder die Jak-11: mit Stiefelhosen und Stiefeln, normalem silbergrauem Oberhemd und dunkelgrauem Binder, brauner Lederjacke und gelbem Fliegerschal (als Signaltuch), Lederkopfhaube und Fliegerbrille. Höchstens bei Flügen mit großer Überbelastung – zum Beispiel beim

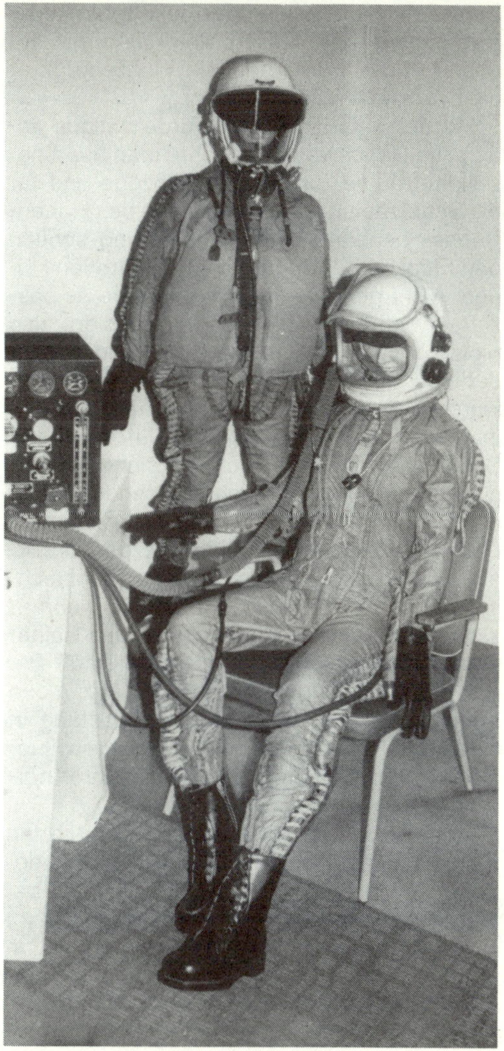

Beispiele für die Höhenschutzausrüstung

Schießen auf Erdziele oder bei Flügen in der Stratosphäre, die MiG-17 kam immerhin auf über 16 000 m – legten die Flugzeugführer die Druckhosen an.

Mit der MiG-19 jedoch wurde einiges anders: Im Geschwader brauchte man nun Speziallagerräume für die Druckanzüge und für die Schutzhelme, offiziell »Räume des Höhentrupps« genannt. Diese Ausrüstung schützt den Flugzeugführer bei Flügen in großen Höhen. Aus irgendeinem Grund könnte es passieren, daß die Kabine enthermetisiert, also plötzlich in ihr die Temperatur- und Druckbedingungen der Umwelt herrschen. Das würde kein Mensch überleben. Aber die sich in diesem Fall sofort mit Druckluft füllenden Schläuche über Brust und Leib sichern einerseits die Atmung und schützen andererseits die Gliedmaßen vor Blutkreislaufstörungen.

Und noch eine Funktion hat der Druckanzug: Mit seinem korsettartigen Schlauchsystem gibt er dem Piloten Schutz, wenn er sich im Notfall in großer Höhe aus seiner havarierten Maschine katapultieren muß. Bei den täglichen Flügen bewahrt der Anzug den Menschen davor, daß die Überbelastung in Kurven, bei Sturzflügen oder bei anderen Flugmanövern die inneren Organe aus ihrer normalen Lage bringt.

Komplettiert wird die Ausrüstung durch den Höhenschutzhelm, der sich im Verlauf der Jahre ebenso bereits mehrmals verändert hat wie der Druckanzug selbst.

Verantwortlich für diese Ausrüstung ist im Jagdfliegergeschwader der Trupp für Höhenschutzausrüstung. Seine Angehörigen haben die persönlichen Rettungsmittel der Flugzeugführer genau zu kennen, regelmäßig zu pflegen, zu überprüfen und zu reparieren. Die zu diesem Trupp gehörenden Mechaniker helfen dem Flugzeugführer in Anzug und Helm, kontrollieren alles nach Vorschrift und ziehen den Piloten nach dem Flug wieder aus.

Neben dem Fallschirmlager und dem Fallschirmtrockenturm gehört zum Bereich des Fallschirmdienstes auch der Katapultiertrainer. Auf diesem Gerät übt unter Anleitung und nach einem bestimmten Rhythmus jeder Flugzeugführer alle Handgriffe, damit sie für den Notfall in Fleisch und Blut übergegangen sind. Nach dem Auslösen schnellt der Sitz an einer Schiene ein Stück in die Höhe.

60 Mann für einen Flugzeugstart

Neben den bisher erwähnten Spezialisten tragen noch zahlreiche andere in den verschiedensten Diensten dazu bei, daß die Flugzeugführer ihren verantwortungsvollen Auftrag erfüllen können. Ohne auf die Tätigkeit des Fliegeringenieurdienstes während des Vorflugtages, nach jeder Landung oder auf die Nachbereitung einzugehen, ganz kurz etwas dazu, was unmittelbar vor dem Start eines Überschall-Abfangjagdflugzeuges geschieht.

Mit gewohnter Sorgfalt helfen der Flugzeugtechniker und der Mechaniker dem Flugzeugführer in die Kabine. Bevor der Techniker von der roten Leiter steigt, überzeugt er sich nochmals davon, daß alle Gurte fest sind, alle Bodensicherungen in der Kabine entfernt sind und es auf der Verglasung keinen einzigen Fleck gibt.

Ebenso gewissenhaft haben der Techniker und sein Mechaniker – ein an der Militärtechnischen Schule »Harry Kuhn« solide ausgebildeter Unteroffizier – das Flugzeug auf die fliegerische Gefechtsausbildung vorbereitet. Bevor er in die Kabine steigt, nimmt der Flugzeugführer die Meldung der technischen Besatzung über die Einsatzbereitschaft der Maschine entgegen. Bei einer gemeinsamen Kontrolle rund um das Flugzeug überzeugt er sich persönlich davon und quittiert das mit seiner Unterschrift im Kontrollblatt des Flugzeuges.

Der nächste Schritt zum Start: Vor dem Flugzeugbug steht der Techniker. Mit dem Flugzeugführer in der Kabine ist er über ein Wechselsprechkabel verbunden. Damit während des komplizierten Anlaßvorganges auch kein noch so kleiner Fehler entsteht, ruft der Techniker vom Flugzeugführer jeden Handgriff ab. Der Dialog beginnt mit »Dach geschlossen« und schließt mit »Funkverkehr beendet«. Ist er bei »Triebwerk ist frei« angekommen, betätigt der Flugzeugführer den Anlaßknopf für das leistungsstarke, aber gegenüber jedem angesaugten Fremdkörper empfindliche Nachbrennertriebwerk. Danach werden die Sprechverbindung unterbrochen, letzte Kontakte zur Maschine gelöst und die Bremsklötze von den Rädern entfernt. Das Flugzeug kann zum Start rollen.

Kein Techniker oder Mechaniker könnte die Frage genau beantworten, wie viele Handgriffe oder prüfende Blicke ihm jeweils bis zu diesem Moment abverlangt werden. Ebensowenig könnte er sagen, wie oft er kontrolliert hat, ob irgendwo Flüssigkeit aus einer

Anlage austritt, ob Scheuerstellen an Kabeln zu entdecken sind, ob Fettspuren an der Zelle haften. Kein Angehöriger des Fliegeringenieurdienstes hat gezählt, wie oft er am Tage und in der Nacht, bei Regen oder Sonnenschein, im Schneegestöber ober bei Frost an einem Flugzeug oder Hubschrauber Wartungsluken geöffnet und geschlossen, Meßinstrumente abgelesen oder Reifen geprüft, wie oft er eine Maschine betankt oder aufmunitioniert hat. Ein guter Techniker und ein guter Mechaniker aber wird stets sagen: Lieber einen Handgriff mehr, als es die Vorschrift verlangt.

Die hohe Einsatzbereitschaft und ein sehr guter Ausbildungsstand sowie kameradschaftliches Zusammenwirken sind nicht nur für die Spezialisten, die ein Flugzeug oder einen Hubschrauber unmittelbar auf einen Flug vorbereiten, wichtige Voraussetzungen für das Lösen aller Aufgaben. Vielmehr wird das auch von allen anderen Offizieren, Fähnrichen, Unteroffizieren und Soldaten sowie von den Zivilbeschäftigten verlangt, die dazu beitragen, daß ein Flugzeug- oder Hubschrauberführer starten, seinen Flugauftrag erfüllen und wieder sicher landen kann.

Dafür ist in der Regel ein Kollektiv von etwa sechzig Spezialisten notwendig. Es sind die Besatzungen der Tank- und Schleppfahrzeuge, der Anlaß- und Sauerstoffwagen oder der für die ständige Sicherheit notwendigen Feuerlösch-, Sanitäts- und Bergefahrzeuge ebenso wie die der Bodenleitstellen. Des weiteren müssen auf dem Flugplatz oder in seiner Nähe Nachrichten-, Funkmeß- und Bodennavigationsanlagen sowie Scheinwerfer und andere technische Geräte bedient werden.

Der Hubschrauber Mi-4M – zu erkennen vor allem an dem Funkmeßgerät und dem großen Suchscheinwerfer am Bug

Nicht zuletzt muß auch dafür gesorgt werden, daß das gesamte Personal Verpflegung erhält, die abgeworfenen Bremsschirme eingesammelt und wieder gepackt, die Flugzeuge bewacht werden. Die langen Betonbahnen sind wegen der empfindlichen Triebwerke zu fegen, im Winter von Schnee und Eis freizuhalten. Alles das muß beachtet, geplant, organisiert sein, damit die fliegerische Gefechtsausbildung reibungslos und planmäßig verläuft, ständig eine hohe Einsatzbereitschaft gesichert ist.

Hubschrauber über See

Anfang der 60er Jahre machten es die immer komplizierter werdenden Aufgaben der Volksmarine erforderlich, Hubschrauberkräfte in ihre Struktur aufzunehmen. Zunächst ging es vor allem darum, daß die Helikopter über der Ostsee zur Aufklärung und Seenotrettung handeln sowie schnell auszuführende Transportaufgaben sicherstellen sollten.

Zu dieser Zeit hatte die Volksmarine bereits einige Erfahrungen aus dem Einsatz von Hubschraubern über See sammeln können, ohne selbst Hubschrauber in ihrem Bestand zu haben: Erstmals hatten im Jahr 1959 zwei Hubschrauber der LSK/LV im Interesse der Seestreitkräfte in Küstennähe gehandelt. Zwei Mi-4A verlegten dann im März 1960 an

Mi-4M mit ausgefahrenem Ortungsgerät

die Küste, um maritime Aufgaben zu erfüllen. Sie blieben aber noch den Luftstreitkräften unterstellt.

Als den Seestreitkräften am 4. November 1960 der Name »Volksmarine« verliehen wurde, eröffnete eine Kette Mi-4A die Ehrenparade. Offiziell wurden jedoch die beiden bereits an der Küste stationierten Hubschrauber erst am 15. September 1962 der Volksmarine übergeben. Dieses Datum wird intern als Geburtstag der Marinefliegerkräfte der NVA angesehen.

Die zu jener Zeit laufende Seenotrettungsausbildung der Hubschrauberbesatzungen wurde tatkräftig von einer Einheit der Marinefliegerkräfte aus der Baltischen Flotte der UdSSR unterstützt. Als 1963 zwei weitere Mi-4A zur Küste verlegt wurden, war die Kette von der Ausrüstung mit Hubschraubern her komplett. Die ursprünglich nicht für Flüge über See gedachten Mehrzweckhubschrauber Mi-4A waren in erster Linie für Transportflüge geeignet; dennoch bewährte sich der Typ auch bei Flügen über See.

Am 1. Mai 1963 erhielt die Einheit den Status einer selbständigen Hubschrauberstaffel der Volksmarine, die zunächst nur über die vier Mi-4A verfügte. Dieser Tag gilt offiziell als das Gründungsdatum der Marinefliegerkräfte der NVA.

Im Jahr 1965 bekam die Staffel weitere Hubschrauber vom Typ Mi-4. Dabei handelte es sich um die Version Mi-4M. Sie entsprach zwar im Grundaufbau der Ausführung Mi-4A, war jedoch speziell für den Einsatz bei den Marinefliegerkräften ausgerüstet. Mit der Zuführung der Mi-4M konzentrierten sich die Angehörigen der Staffel verstärkt auf die Ausbildung im Lösen von Aufklärungsaufgaben über See sowie im Aufspüren und Bekämpfen von Unterwasserfahrzeugen.

Daß die Hubschrauberbesatzungen in Marineblau im Zusammenwirken mit Einheiten der Volksmarine sowie der Baltischen Flotte einen ausgezeichneten Ausbildungsstand erreicht hatten, bewiesen sie im Jahr 1966 beim ersten U-Jagdabschnitt ebenso wie bei der Teilnahme an der Übung »Taifun« im Jahr darauf.

Über ihre Entwicklung zur U-Jagd-Staffel und zum Marinehubschraubergeschwader »Kurt Barthel« sowie über die Ausstattung mit Turbinenhubschraubern Mi-8 und Mi-14 in den Jahren darauf wird in dem Band »Flugzeuge und Hubschrauber der NVA von 1971 bis zur Gegenwart« ebenso berichtet wie über die Bildung von Jagdbomber- und Armeefliegerkräften der NVA und deren Ausstattung mit Flugzeugen und Kampfhubschraubern.

TEIL 2

Die Flugzeug- und Hubschraubertypen der NVA von 1956 bis 1970

Schulflugzeug Jak-18

Ab 1956 wurde das sowjetische Standard-Flugzeug für die Anfangsausbildung vom Typ Jak-18 auch von den Fliegergeschwadern der im Aufbau begriffenen Luftstreitkräfte der NVA sowie an deren Fliegerschule verwendet.

Nach dem Übergang der Truppenteile auf Kampfflugzeuge kam die Jak-18 nur noch an der Fliegerschule für Ausbildungszwecke zum Einsatz. Mit der Einführung der L-29 wurden die Jak-18 der GST übergeben, wo einige bis 1978 zuverlässig ihre Aufgaben erfüllten.

Die Entwicklung der Jak-18 stellte eine Fortsetzung der UT-2-Schulflugzeug-Reihe aus dem Konstruktionsbüro Jakowlew dar. Sie entstand entsprechend den Forderungen, die die sowjetischen Luftstreitkräfte nach dem Ende des zweiten Weltkrieges stellten. Benötigt wurde ein robustes, einfach konstruiertes Schulflugzeug für Anfänger, an dem sie auch mit solchen Elementen wie Einziehfahrwerk, Landeklappen und Funksprechgerät vertraut gemacht werden konnten. Über Derartiges verfügten die bis dahin in der Sowjetunion gebräuchlichen Schulflugzeuge vom Typ UT-2 nicht. Erste Vorarbeiten an einem neuen Typ hatten 1943 mit einer modifizierten UT-2 begonnen (als UT-2MW oder UT-2 Modell 44 bezeichnet).

Weitgehende Ähnlichkeit mit der 1945/46 erprobten Jak-18 hatte deren unmittelbarer Vorläufer UT-2L (in anderen Quellen auch als

Jak-18 im April 1957 an der Fliegerschule in Kamenz

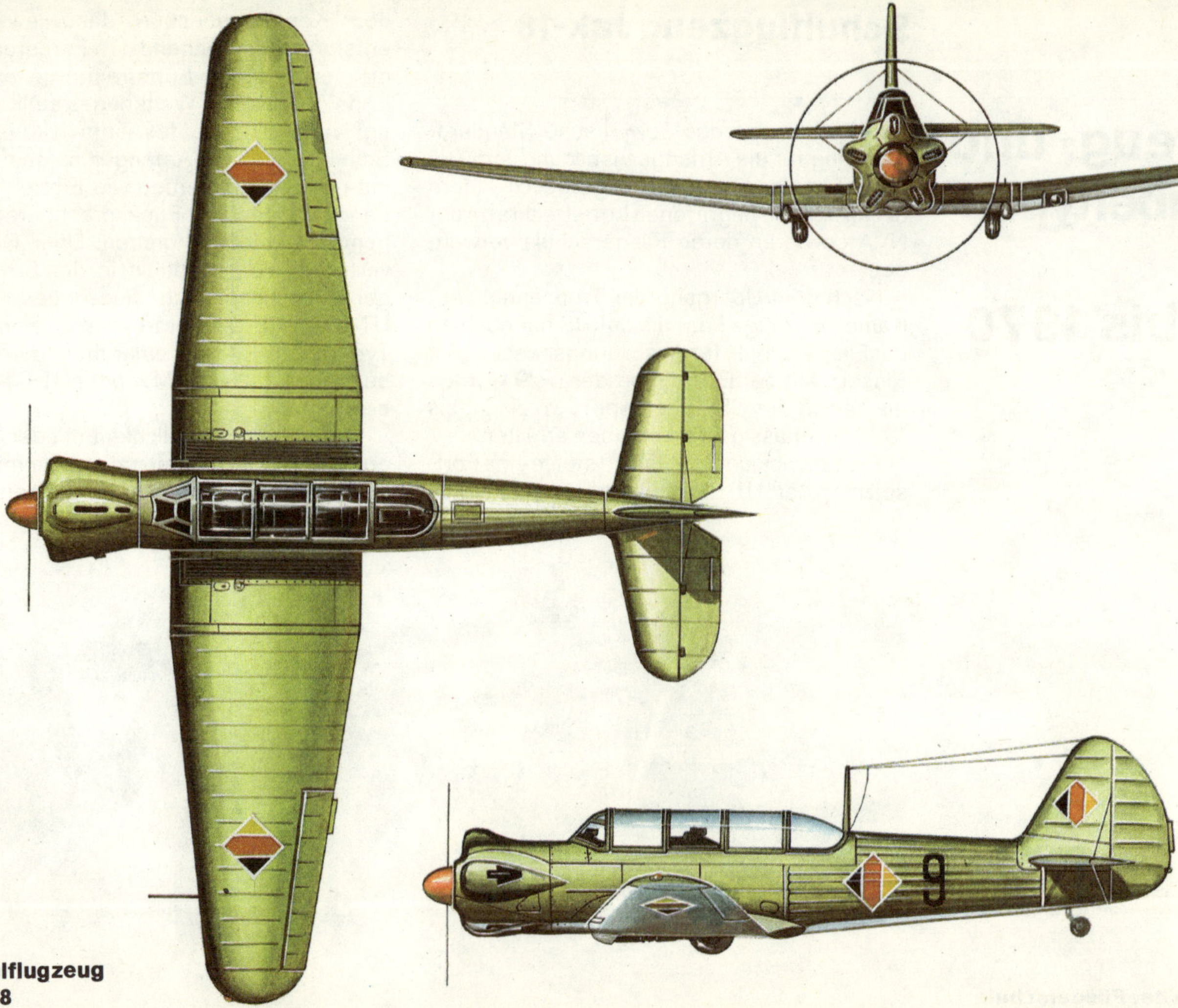

Schulflugzeug
Jak-18

Schulflugzeug
Jak-18A

Ja-19 benannt). Er wies jedoch noch ein starres Heckradfahrwerk auf und hatte keine Funkantennen.

Nach Abschluß der staatlichen Erprobung begann 1947 im Flugzeugwerk Charkow der Serienbau der Jak-18, der bis 1953 andauerte. Zusammen mit der ab 1954/55 ausgelieferten Version Jak-18U sind dort insgesamt 5680 Schulflugzeuge dieses Typs gefertigt worden.

Im Jahre 1956 begann der Lizenzbau der Jak-18 in Ungarn. Auch die VR China hat mit sowjetischer Hilfe die Jak-18 in Serie produziert (in Nanchang als JJ-6).

Jak-18 sind in zahlreichen Ländern an militärischen und zivilen Fliegerschulen sowie von den Wehrsportorganisationen bzw. Fliegerklubs verwendet worden.

Folgende FAI-Rekorde haben sowjetische Piloten mit der Jak-18 aufgestellt:
am 16. September 1949 auf einer 100-km-Strecke 262,771 km/h;
am 16. September 1949 auf einer 1000-km-Strecke 223,560 km/h;
am 16. September 1949 auf einer 2000-km-Strecke 209,664 km/h;
am 11. Oktober 1951 auf einer 500-km-Strecke 251,823 km/h;
am 8. Mai 1954 Gipfelhöhe 5521 m;
am 18. Juni 1954 Gipfelhöhe 6311 m;
am 11. September 1954 Streckenflug über 1245,33 km;
am 25. September 1954 Streckenflug über 2004,618 km.

Die Jak-18 war ein robustes, sehr zuverlässiges Schulflugzeug mit beschränktem Kunstflugvermögen; sie war bei Flugschülern und Fluglehrern gleichermaßen beliebt. Ihr Rumpf bestand aus einer Stahlrohrkonstruktion und war vorn mit Duraluminium beplankt, hinten mit Stoff bespannt. Die Kabinen – vorn für den Flugschüler, hinten für den Fluglehrer – hatten je eine Steuerung sowie alle notwendigen Ausrüstungselemente.

Die Kabinenhauben ließen sich nach hinten aufschieben und im Notfall abwerfen. Für die Verbindung mit dem Boden war ein Funksprechgerät verfügbar.

Die Tragflügel des freitragenden Tiefdeckers bestanden in der Grundkonstruktion aus Metall und hatten zwei Holme. Am hinteren Holm war die unter dem Rumpf durchgehende pneumatisch betätigte Landeklappe in Form einer Spreizwölbungsklappe angebracht. Die Flügelnase hatte Metallbeplankung, die übrigen Teile wiesen Stoffbespannung auf.

Die Ruder des abgestrebten Leitwerkes in Normalbauweise waren stoffbespannt. Die Haupträder ließen sich nach hinten in die Tragflügel einfahren, wobei sie zur Hälfte nach unten herausragten, um im Fall einer Notlandung größere Beschädigungen am Flugzeug zu vermeiden. Das Spornrad konnte nicht eingefahren werden.

Das Triebwerk der Jak-18 war ein 5-Zylinder-Sternmotor M-11FR1 mit einer Startleistung von 118 kW. Charakteristisch für ihn war die Einzelzylinder-Ummantelung. Die zweiblättrige Holzluftschraube W-501-D-81 konnte gegen die bei der UT-2 übliche Luftschraube WD-14 ausgetauscht werden.

Die Jak-18A – am anderen Triebwerk leicht von der Jak-18U zu unterscheiden

Schulflugzeuge Jak-18U und Jak-18A

Die Luftstreitkräfte der NVA übernahmen nach der Jak-18 auch deren Weiterentwicklungen Jak-18U (1957) und Jak-18A (1959). Die in Gemischtbauweise gefertigte Jak-18U war für den Nachtflug sowie für den einfachen Kunstflug geeignet. Zur Ausstattung zählten ein Funkhalbkompaß und eine Kurzwellen-Funkanlage. Als die NVA zur Anfängerschulung mit der L-29 überging, wurden die Kolbenmotor-Schulflugzeuge der GST übergeben. Einige Jak-18A/Jak-18U dienten bis Mitte der 70er Jahre in den Stäben der Fliegerverbände als Kurier- und Verbindungsflugzeuge. Dort wurden sie von der Z-43 abgelöst.

Die Jak-18U ist ab 1954/55 in Charkow in Serie gebaut worden. Mit der Entwicklung dieses Flugzeugtyps trug das Jakowlew-Kollektiv der Forderung nach einem Schulflugzeug mit Bugrad-Fahrwerk Rechnung. Da inzwischen alle Kampfflugzeuge sowie die Strahltrainer ein solches Fahrwerk besaßen, mußte bereits in der Grundausbildung die Start- und Landetechnik mit einer solchen Fahrwerkanordnung trainiert werden.

Um mit möglichst geringem Aufwand ein derartiges Flugzeug zu erhalten, modifizierte man die Zelle der Jak-18: Der Rumpfbug wurde etwas länger; die Triebwerkverkleidung mußte man leicht verändern, damit sich das neue Bugrad am Brandspant befestigen und unterbringen ließ. Das nach hinten eingefahrene Bugrad blieb etwas außerhalb der Verkleidung. Auch die Haupträder blieben etwa zur Hälfte außerhalb der Flügelkontur. Die Haupt-Fahrwerkbeine wurden nicht wie bei der Jak-18 vor dem Hauptholm, sondern hinter diesem befestigt und nach vorn eingefahren (Jak-18: nach hinten). Die geringfügige Änderung der Zelle war nur eine Übergangslösung, da für die neuen Aufgaben einige Nachteile in Kauf genommen werden mußten: Bei der um 154 kg größeren Leermasse sank die Geschwindigkeit der Jak-18U auf 235 km/h, während sich die Reichweite auf 900 km verringerte.

Da diese Leistungen bald für ein Schulflugzeug nicht mehr ausreichten, überarbeiteten die Jakowlew-Spezialisten die Jak-18U völlig und versahen sie mit dem stärkeren 9-Zylinder-Triebwerk AI-14R (Startleistung 162 kW)

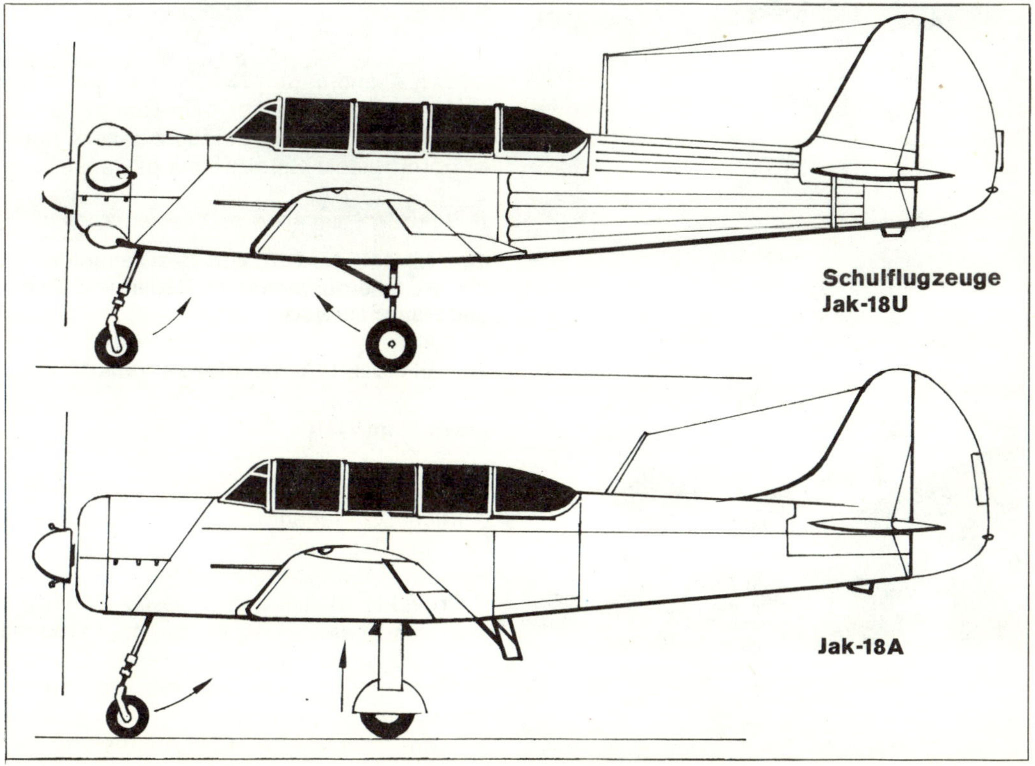

Schulflugzeuge Jak-18U

Jak-18A

Eine Jak-18U der GST. Gut zu erkennen sind die weit herausragenden Räder von Bug- und Hauptfahrwerk

Vorn eine Jak-18A, dahinter zwei Jak-18U

Jak-18U am Start

mit verstellbarer Luftschraube. Als die Produktion 1957 begann (insgesamt 950 gebaut), hieß der Typ zunächst Jak-20, wurde dann aber als Jak-18A bezeichnet.

Charakteristisch ist die breite NACA-Haube über dem Triebwerk. Im Verlauf der Fertigung ist das Bugrad verbessert worden. Der fast voll kunstflugtaugliche Typ hatte – bis auf die Reichweite – gegenüber den Vorgängern bessere Leistungen. Die Ausrüstung der Jak-18A (UKW-Anlage, Kunstflughorizont, Funkkompaß) erlaubte Flüge unter allen meteorologischen Bedingungen.

Die Serie Jak-18/-18U/-18A hatte eine ganze Reihe von Nachfolgern. Eine Jak-18A der NVA befindet sich in der Traditionsvorstartlinie der Offiziershochschule der Luftstreitkräfte/Luftverteidigung für Militärflieger in Bautzen.

Schul- und Übungsjagdflugzeug Jak-11

Im Gründungsjahr der NVA zählte neben dem Schulflugzeug Jak-18 auch das Schul- und Übungsjagdflugzeug Jak-11 zur Ausrüstung ihrer Luftstreitkräfte. Es war im Jahr 1944 vom Konstruktionsbüro Jakowlew in enger Anlehnung an die Jagdflugzeugreihe Jak-1/-7/-9/-3 entwickelt (Erstflug als Jak-3UTI am 10. November 1945) und ab 1946 in der UdSSR in Serie gebaut worden – insg. 3859 Flugzeuge dieses Typs.

Von 1952 bis 1956 kamen 700 von dem tschechoslowakischen Flugzeugwerk LET in Kunovice in Lizenz gefertigte und als C-11 (Bugradausführung: C-11U) bezeichnete Flugzeuge hinzu.

Grundlage für die Konzeption dieses Doppelsitzers war die Überlegung, bei möglichst geringem Aufwand ein Schul- und Übungsjagdflugzeug zu schaffen, das die Piloten nach der Anfangsausbildung auf der Jak-18 befähigte, schnell auf Jagdflugzeuge umzusteigen.

Ende 1949 erhielten die sowjetischen Fliegerkräfte die ersten Jak-11, die polnischen zwei Jahre später. Von 1951 bis 1954 stellten sowjetische Flugzeugführer mit der Jak-11 vier FAI-Rekorde und mehrere nationale Rekorde auf:

am 11. Juli 1951 auf einer geschlossenen 500-km-Strecke 471,348 km/h;

am 26. August 1951 auf einer 1000-km-Strecke 442,289 km/h;

am 31. Oktober 1953 auf einer 2000-km-Strecke 360,032 km/h;

am 11. September 1954 Flugstrecke in gerader Linie 1991,85 km.

In den Luftstreitkräften der NVA wurde die Jak-11 etwa bis 1958 von den Strahljagdflugzeugen MiG-15/-17 abgelöst. Obwohl die Jak-11 zur fliegerischen und technischen Grundausbildung verwendet wurde, erfüllten die Flugzeugführer der NVA damit bereits wichtige Aufgaben. So hatten sie mit diesem Flugzeugtyp unter anderem dafür zu sorgen, daß die Ballons mit Hetzmaterial, die man in großer Anzahl aus der BRD herüberschickte, unschädlich gemacht wurden. Die in großen Höhen ziehenden Ballons gefährdeten die Flugsicherheit. Um einen solchen Ballon zu finden und zu vernichten, mußte man die bis zu 465 km/h schnelle Jak-11 ebensogut beherrschen wie das 12,7-mm-MG UBS.

Einige Jak-11 dienten bis Ende 1962 in den Luftstreitkräften der NVA als Zieldarstellungsflugzeuge für die Truppenluftabwehr (kein scharfer Schuß wie auf den Luftsack der Il-28, nur Richten der Waffen). Diese Aufgaben der Jak-11 wurden ab 1963 von Flugzeugen des Typs MiG-17 sichergestellt.

Da die Jak-11 mit einem Fotogerät AFA ausgerüstet werden konnte, benutzte man den Typ auch für Foto-Flüge.

Im Jahr 1963 stellte man die Jak-11 in der NVA außer Dienst. Ein Flugzeug dieses Typs gehört heute zur Sammlung der Offiziershochschule der LSK/LV für Militärflieger in Bautzen.

Mit ihrer Konstruktion erinnert die Jak-11 sehr stark an die Jagdflugzeuge des zweiten Weltkrieges. Als Antrieb diente der aus dem Motor ASch-82 entwickelte 7-Zylinder-Stern-

Die Jak-11

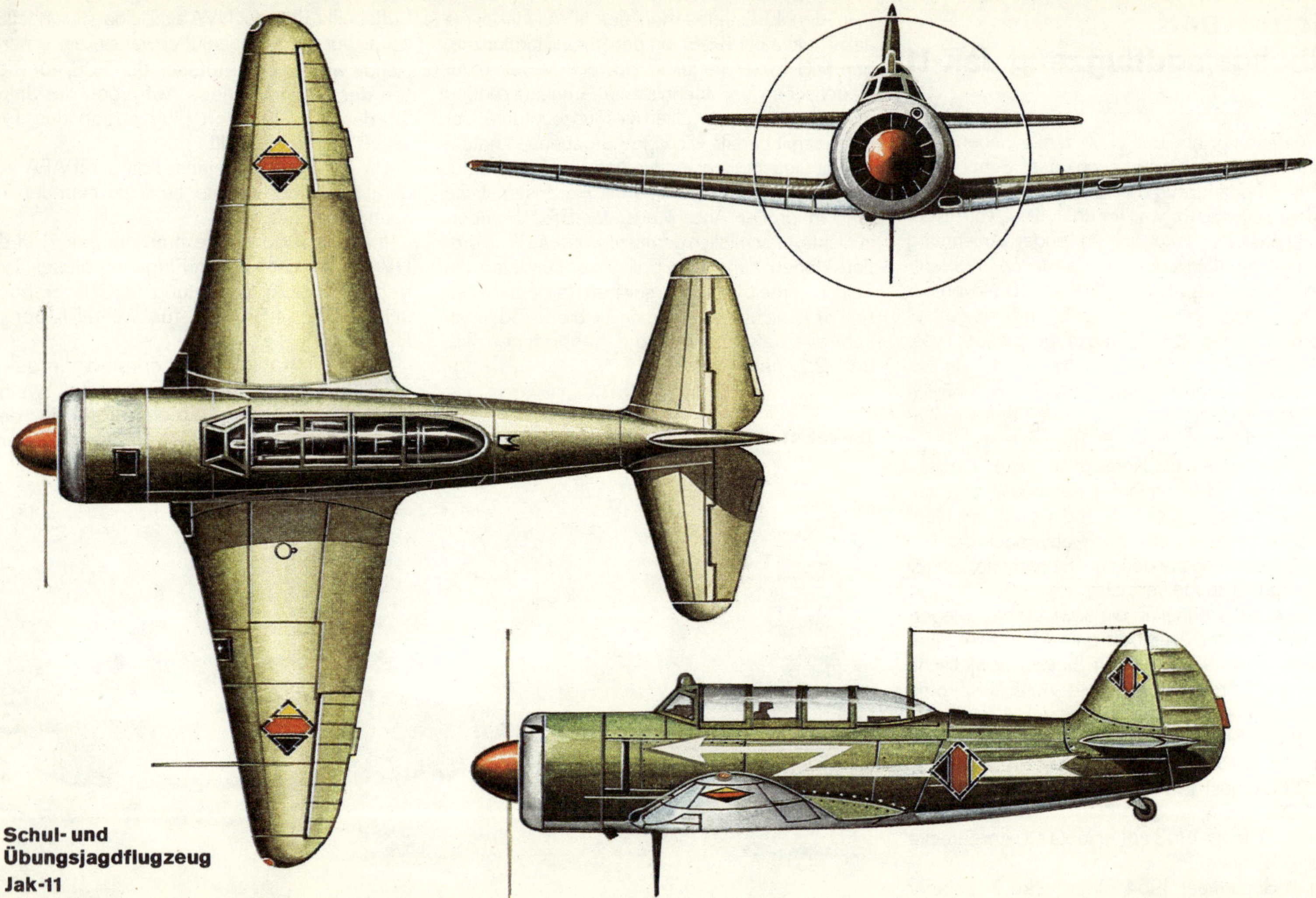

Schul- und
Übungsjagdflugzeug
Jak-11

Schul- und Übungsjagdflugzeug
Jak-11

Eine im Original erhaltene Jak-11 an der Traditionsvorstartlinie der Offiziershochschule für Militärflieger in Bautzen

motor ASch-21 mit 515 kW Startleistung bei 2300 U/min. Zunächst wurden sichelförmige, später gerade Zweiblatt-Verstell-Luftschrauben aus Metall mit einem Durchmesser von 3 m (WISch-111-W20/WISch-11-D-15) verwendet. Links oben im Triebwerkraum war ein synchronisiert durch den Luftschraubenkreis feuerndes 12,7-mm-MG UBS angeordnet. Über der vorderen Kabine (Platz des Flugschülers) befand sich ein Foto-MG S-13 zur Kontrolle der Ausbildungsergebnisse. Unter den Tragflügeln gab es an jeder Seite eine Aufhängung (Bombenschloß BI-4) für eine 25- oder 50-kg-Bombe.

Beide Kabinen waren mit einer Steuerung, mit allen notwendigen Instrumenten und mit der Möglichkeit des Sprechverkehrs miteinander sowie mit dem Boden ausgestattet. Die nach hinten aufschiebbaren Kabinendächer konnten im Notfall abgeworfen werden. Katapultsitze gab es nicht. Der Rumpf bestand aus einem Stahlrohrgerippe mit Holmen, Spanten und Streben. Hinter der nach oben aufklappbaren metallenen Motorhaube war der Rumpf mit Sperrholz beplankt. Unten trug der Rumpf Stoffbespannung. Für Reparatur und Wartung waren mehrere abnehmbare Duralbleche sowie Lukendeckel im Rumpf verfügbar.

Das Tragwerk des Tiefdeckers war zweiholmig und bestand ganz aus Metall. Ein Duralhilfsholm verstärkte den Fahrwerkschacht, den ein Abdeckblech bei eingefahrenem Fahrwerk verschloß. Die Kraftstoffbehälter befanden sich zwischen den beiden Hauptholmen. Während die Landeklappen aus Duralblech bestanden, waren die Querruder stoffbespannt und hatten duralverkleidete Nasenkanten. Auch die Ruder des freitragenden, mit duralbeplankten Flossen versehenen Leitwerkes waren stoffbespannt.

Die bremsbaren Räder des Hauptfahrwerkes mit Öl-Luft-Stoßdämpfern ließen sich in die Tragflügel einziehen, das Spornrad ließ sich nicht einfahren. Das Ein- und Ausfahren der Räder und der Landeklappen, das Betätigen der Bremsen und Motorjalousien sowie das Anlassen des Triebwerkes erfolgten mit Hilfe der Druckluftanlage (Hauptbehälter 12 l, Notbehälter 3 l). Die starre Doppelsteuerung bestand zu einem Teil aus einer Gestänge-, zum anderen aus einer Seilsteuerung. Flüge bei Nacht und schlechten Wetterbedingungen waren möglich.

Transport- und Verbindungsflugzeug An-2

Bereits im Gründungsjahr 1956 erhielt die NVA den robusten Anderthalbdecker An-2 als Mehrzweckflugzeug. Dieses liebevoll als »Anna« bezeichnete Flugzeug ist der einzige Typ aus jener Zeit, der sich bis heute in den Luftstreitkräften der DDR gehalten hat.

Die Liste der Aufgaben der An-2 ist lang. Der Transport von bis zu zwölf Personen und von Frachten bis zu 1500 kg gehört ebenso dazu wie das Absetzen von acht bis zehn Fallschirmspringern. Darunter sind Fallschirmjäger ebenso zu verstehen wie die Flugzeugführer, die in der Fallschirmsprungausbildung jährlich einen Absprung auszuführen haben. Verlegen die Jagdflieger, so helfen ihnen die An-2-Piloten, indem sie Stabs- und ingenieurtechnisches Personal sowie die Schleppstangen der MiG oder anderes Bodengerät befördern. Als Sanitätsflugzeug kann die An-2 sechs Tragen und zwei Sanitäter aufnehmen. Über viele Jahre hinweg blieb die An-2 außerdem das Standardschulflugzeug für die künftigen Flugzeugführer von Transport- und Verbindungsflugzeugen. An-2 werden zur Zieldarstellung sowohl für Fla-Waffen wie für Funkmeßstationen verwendet.

Auch Fotoaufgaben können übernommen werden, und über eine Rutsche lassen sich Flugblätter abwerfen. Oft dienen An-2 in heißen Sommermonaten dazu, über Waldgebieten Brandaufklärung zu fliegen. Durch die Mitnahme von 800 l Wasser ist sogar die Brandbekämpfung möglich. Sanitäts- und Seenotrettungsflüge zählen ebenso zu ihren Aufgaben wie Retranslationsflüge: Damit erhöht man die Reichweite der UKW-Funkverbindung beispielsweise zwischen einer Bodenleitstelle und sehr tief fliegenden Jagdflugzeugen der Luftverteidigung. Dazu wird die An-2 in ihrem geräumigen Rumpf mit zusätzlichen Funkstationen und auf dem Rumpf mit weiteren Antennen ausgerüstet. Das vom Boden abgehende Signal wird aufgenommen, verstärkt, automatisch wieder gesendet und im Jagdflugzeug empfangen. Umgekehrt geschieht der gleiche Vorgang. Das Retranslationsflugzeug wirkt gewissermaßen als fliegende Antenne, wodurch sich der Handlungsraum der Luftverteidigung in geringsten Höhen auf ökonomische Weise vergrößern läßt.

Eine An-2TD aus polnischer Produktion – erkennbar an der Plastverkleidung der Antennen des Funkhöhenmessers unter dem Rumpf

Ursprünglich sollte der Typ, der bereits während des zweiten Weltkrieges von O. Antonow konzipiert worden war, SCh-1 heißen – Landwirtschaftsflugzeug Nr. 1. Als der Prototyp am 31. August 1947 zum Erstflug startete, war er ebenso wie die ersten Serienflugzeuge mit dem Triebwerk ASch-21 (559 kW Startleistung) ausgerüstet. Alle späteren Serienflugzeuge erhielten den mit einem weiteren Prototyp getesteten luftgekühlten 9-Zylinder-Sternmotor ASch-62IR.

Bis zum Ende der 50er Jahre hatte das

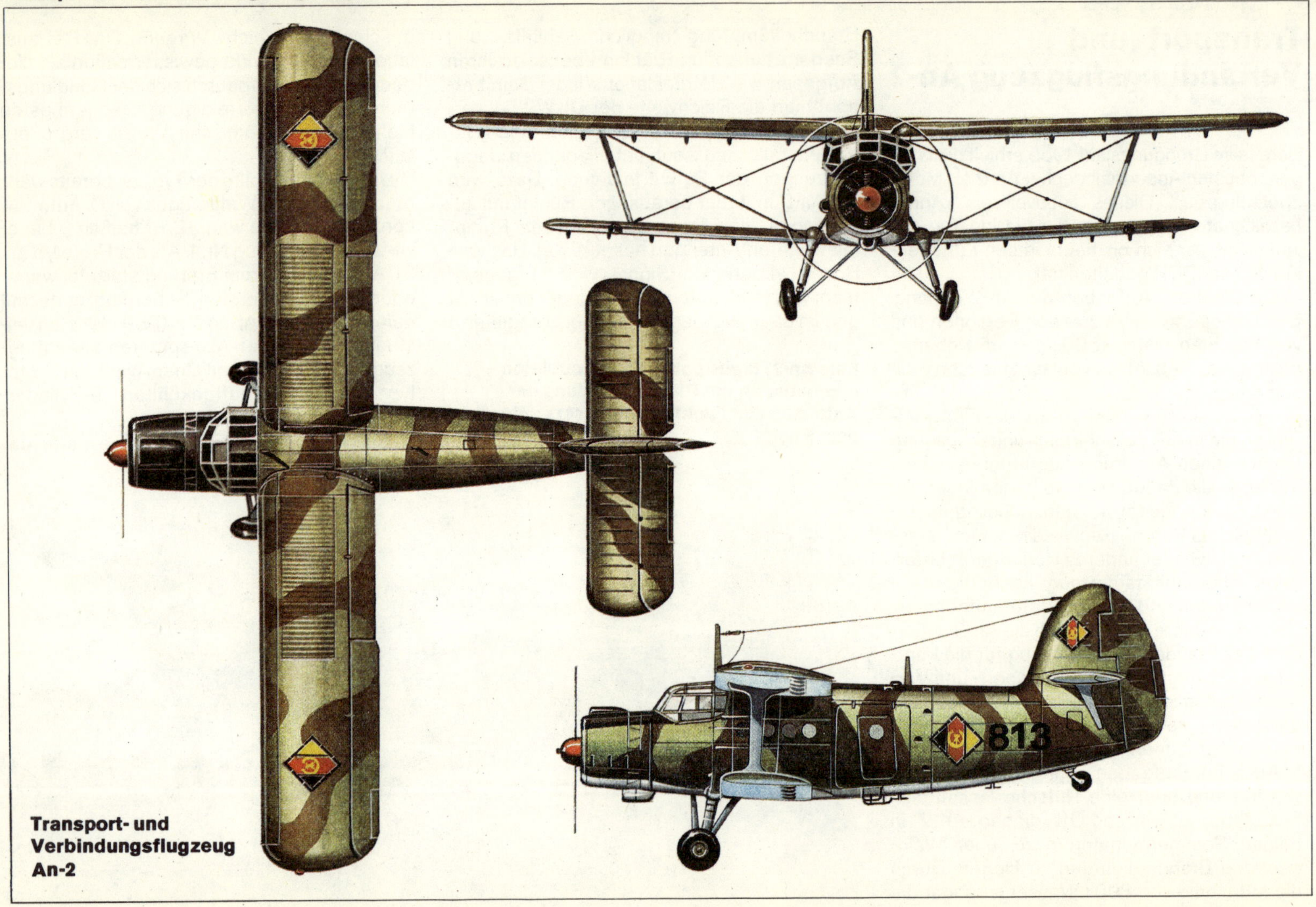

Transport- und Verbindungsflugzeug An-2

Transport- und Verbindungsflugzeug
An-2

Diese An-2 besitzt als Schulflugzeug noch die ursprünglichen sichelförmigen Luftschraubenblätter

An-2 mit geraden Luftschraubenblättern aus Metall

Flugzeugwerk Kiew etwa 5000 An-2 in verschiedenen Versionen ausgeliefert, zunächst mit sichelförmigen Luftschraubenblättern, später mit geraden Holz- und danach mit Metallblättern. Aus sowjetischer Produktion stammen auch die ersten An-2 der NVA. Spätere Maschinen kamen aus Mielec, dem Standort des größten polnischen Flugzeugwerkes, wo 1960 die Lizenzproduktion der An-2 begann. Bis zum Beginn des Jahres 1987 sind dort etwa 13 000 An-2 in acht Grundversionen und weiteren Modifikationen gebaut worden. Davon erhielt die UdSSR etwa 11 000 Flugzeuge. Die Produktion wird fortgesetzt. Wie viele An-2 in China als «Fongsu-2» in Lizenz hergestellt worden sind, ist nicht bekannt.

In der NVA werden vor allem die Ausführungen An-2TP (für Personen und Fracht geeignet, bis zu zwölf metallene Klappsitze beiderseits des Rumpfes) und An-2TD (für Lastentransport und bis zu 12 Fallschirmspringer) verwendet, die sich nur geringfügig voneinander unterscheiden. Bei der An-2TD gibt es im Laderaum eine Signalisationsvorrichtung, mit deren Hilfe der Flugzeugführer den Springern Signale übermitteln kann, eine verdeckbare Sichtscheibe im Boden sowie einen Höhenmesser an der Seitentür. In beiden Versionen hat die Tür der 4,1 m x 1,6 m x 1,8 m großen Frachtkabine einen nach oben schwenkbaren Rahmen, wodurch sich die Ladeöffnung so vergrößern läßt, daß Gegenstände mit 1,5 m x 1,5 m großem Querschnitt mühelos aufzunehmen sind. Im Hinterteil des Rumpfes befindet sich hinter der Kabinentrennwand eine Toilette. Da bis auf die Passagierausführungen alle An-2 unter der Decke des Rumpfes die Stahlseile zum Einklinken der Abzugsleine haben, lassen sie sich auch für den Fallschirmabsprung oder Fallschirmlastenabwurf verwenden.

Der Rumpf der An-2 ist in Ganzmetall-Halbschalenbauweise gefertigt. Vorn und hinten ist der Querschnitt oval, im Bereich der Kabine rechteckig. In der stark verglasten Kabine befinden sich links und rechts die Plätze für die beiden Flugzeugführer. Dazwischen saß in den ersten Ausführungen der Bordmechaniker. Später flog man ohne ihn.

Die Tragflügel sind verspannt und einstielig verstrebt. Sie bestehen aus zwei Holmen, sind vorn metallbeplankt, am Vorderholm jedoch stoffbespannt, haben oben und unten elektrisch betätigte Spaltklappen. Der obere Flügel hat über die ganze Spannweite automatisch fahrende Vorflügel. Das abgestrebte Leitwerk ist stoffbespannt und hat Trimmklappen in den Rudern.

Das nicht einfahrbare Spornradfahrwerk ist mit pneumatischen Bremsen und ölpneumatischen Stoßdämpfern versehen. Dank ihrem robusten Fahrwerk kann die An-2 von Rasen- und unbefestigten Plätzen aus eingesetzt werden, wobei sich die Kurzstart- und -landeeigenschaften vorteilhaft auswirken.

Passagierflugzeug An-2

Das Mehrzweckflugzeug An-2 ist in der UdSSR und in Polen auch in der Version als Passagierflugzeug mit unterschiedlicher Bestuhlung – maximal mit zwölf Sitzen – gebaut worden. In den Luftstreitkräften der DDR wird diese Version auch als Schulflugzeug geflogen. Für An-2 dieser Zweckbestimmung ist die doppelte Bremse typisch: Üblicherweise hat nur der links sitzende 1. Pilot eine Bremse, da er die Maschine landet. In Schulflugzeugen verfügt aber auch der rechts sitzende Fluglehrer über eine Bremse.

In der Passagierausführung befinden sich rechts drei Sitzbänke und auf der linken Seite zwei Einzelsitze. Außerdem ist die Möglichkeit genutzt worden, im Frachtraum nachträglich Beschläge am Kabinenboden anzubringen und so kurzfristig Sitzbänke einzubauen.

Neben der Passagierversion mit runden Fenstern hat die NVA auch die Ausführung mit eckigen Fenstern. Diese weist an der linken Seite zwei einzelne Polstersitze und an der rechten Seite zwei Doppelsitze sowie einen Tisch auf. Die gelegentlich auch als An-2S oder Salonmaschine bezeichnete Ausführung heißt beim Hersteller An-2D6 oder An-2PLux (D steht für Geschäftsvariante).

Neben Veränderungen an der Luftschraube hat es im Verlauf der An-2-Serienfertigung auch andere Weiterentwicklungen gegeben. So verkleinerte man nach einigen Baujahren

Das Cockpit der An-2

Passagierflugzeug An-2

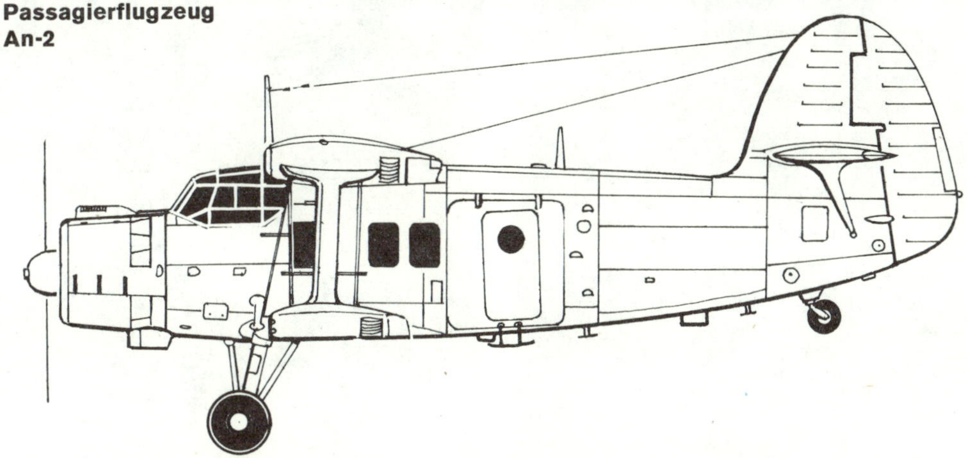

das Höhenleitwerk, weil es früher mit ihm Probleme beim Absprung der Fallschirmjäger gegeben hatte.

Im Verlauf der Serienfertigung sind die Laufzeiten des Triebwerkes ständig erhöht worden. Betrug die Laufzeit früher nur 800 Stunden, so sind es heute 1200 Stunden. Verbesserungen am Triebwerk selbst betrafen solche Details wie die Spänesignalisation oder den Einbau eines Kraftstoff-Feinfilters und einer Ölzentrifuge.

Kennzeichen für An-2, die in Polen gefertigt wurden, sind die runden Einläufe unter den oberen Tragflügeln für das Belüftungssystem oder die Glasfiberwannen für die beiden Antennen des Funkhöhenmessers RWUM unter dem Rumpf.

In der Seenotausführung besitzt die An-2 einen Funkkompaß ARK-U2 (Anpeilen des Senders von zu rettenden Personen), eine Funkstation R-825 (Verbindungsaufnahme über Seenotwelle) sowie ein abwerfbares, aufblasbares Faltboot.

An-2S mit eckigen Fenstern

Große Wartungsluken erleichtern den Zugang zum Triebwerk

Eine An-2 mit geöffneter großer Ladetür

Transportflugzeug Il-14P(T)

Bei ihrer Gründung erhielt die NVA für ihre Transportfliegerkräfte neben der einmotorigen An-2 auch zweimotorige Mehrzweckflugzeuge Il-14. Sie blieben bis zur Ablösung durch die An-26 rund fünfundzwanzig Jahre im Dienst und haben sich dabei als zuverlässige und robuste «Arbeitspferde» für eine sehr umfangreiche Aufgabenpalette erwiesen. So waren Il-14 am Ende der 50er Jahre in der damaligen Transportfliegerschule der NVA in Dessau als Schulflugzeuge ebenso zu finden wie als Transporter für Truppen und Material. Mit Il-14 wurden Luftbildeinsätze geflogen und zahlreiche Spezialaufgaben erfüllt. Es gab Salon-, Passagier- und Transportausführungen sowie speziell ausgerüstete Fotoflugzeuge.

Die Il-14 ist in die Luftfahrtgeschichte als das Flugzeug mit der 200prozentigen Sicherheit eingegangen. Entstanden ist der Typ in der UdSSR im Jahre 1952 als Weiterentwicklung des ersten sowjetischen Nachkriegspassagierflugzeuges Il-12. Im Grunde genommen behielt das Iljuschin-Kollektiv für die Il-14 das aerodynamische Projektschema bei. Jedoch gab es einige wesentliche Veränderungen, die vor allem die stärkeren Triebwerke, die völlig umgewandelten Tragflügel sowie die neue Form des Seitenleitwerkes betrafen.

Dem Erstflug des Prototyps am 20. September 1950 mit W. K. Kokkinaki am Steuer folgte die staatliche Flugerprobung. Bereits hier erwiesen sich die Vorteile der Il-14 gegenüber ihrem Vorgängertyp hinsichtlich Ökonomie, Zuverlässigkeit und Sicherheit.

Im Jahr 1954 begann in der UdSSR die Serienproduktion, wobei die Flugzeugwerke Nr. 30 und Nr. 36 bis zum 1. Januar 1958 etwa 700 Il-14 auslieferten. Das waren zunächst 18sitzige Il-14P, ab 1956 26sitzige und etwas später 32sitzige Il-14M mit einem um einen Meter verlängerten Rumpf. Die Il-14 bildete in der UdSSR und in mehreren anderen sozialistischen Staaten das Rückgrat der militärischen Transportfliegerkräfte sowie des zivilen Luftverkehrs.

Die Frachtversion Il-14P(T)

Auf der Grundlage eines Regierungsabkommens zwischen der UdSSR und der DDR begann im Jahr 1955 im damaligen VEB Flugzeugwerk Dresden die Lizenzproduktion der Il-14P. Äußerlich sind die in Dresden hergestellten Il-14 an einem kleinen Firmenschild an der linken Bugseite zu erkennen. Die erste in Dresden gebaute Il-14 startete am 1. Mai 1956 zum Erstflug. Sie trug den Namen «3. Parteikonferenz». Da es während der Serienfertigung gelungen war, Leichtbaumaterialien zu verwenden, ließen sich die Rüstmasse verringern und 32 Sitzplätze statt 26 einbauen.

Insgesamt haben zwischen 1956 und 1959 80 Il-14P (auch als VEB Il-14P bezeichnet)

Transportflugzeug
Il-14P(T)

Transportflugzeug Il-14P(T)

Die Tür der Frachtversion war nach innen zu öffnen

die Werkhallen verlassen. Geliefert wurden sie an die Luftverkehrsgesellschaft sowie an die Luftstreitkräfte der DDR. Aber auch die zivile und die militärische Luftfahrt Polens sowie Ungarns erhielten Il-14 aus Dresden. Weitere ausländische Abnehmer waren Ägypten, Bulgarien, China, Jugoslawien, die Mongolei, Rumänien, Syrien und Vietnam. Il-14 sind auch in der ČSSR in Lizenz gefertigt worden – von 1957 bis 1960 waren es 120 Flugzeuge.

Die Transportflugzeuge der NVA waren äußerlich nicht von den Passagierausführungen zu unterscheiden. In den ersten Jahren flogen die Passagierflugzeuge der NVA mit dem natürlichen metallischen Äußeren, während die Schulflugzeuge einen dunkelgrünen Anstrich hatten. Später sind dann alle Il-14, bis auf die Fotoflugzeuge, mit einem Tarnanstrich versehen worden. Eine Il-14P aus der Dresdener Produktion befindet sich heute in der Sammlung der Offiziershochschule für Militärflieger in Bautzen.

Bei den ersten Il-14P der NVA handelt es sich um sowjetische Flugzeuge. Nach dem Anlaufen der Produktion in Dresden kamen von dort Il-14P hinzu. In beiden Fällen – bei den aus der UdSSR bezogenen wie bei denen aus der DDR-Produktion – gab es Flugzeuge in Passagierausführung mit Bestuhlung und solche in Frachtausführung. Bei letzteren fehlte die Bestuhlung; statt dessen befanden sich im unverkleideten Frachtraum längs der Bordwände klappbare Metallsitze und Einrichtungen zum Verzurren der Frachten. Die Laderäume eigneten sich auch zur Aufnahme von Verwundeten auf Tragen.

Da sich die normale Einstiegstür für die Frachtausführung als ungünstig erwies, wurden Anfang der 60er Jahre im VEB Flugzeugwerft Schkeuditz alle Frachtflugzeuge mit einer Ladeluke versehen, die einen Rahmen besaß, der sich nach oben klappen und in dieser Stellung arretieren ließ. Dadurch vergrößerte sich die Öffnung für sperrige Frachten, wobei es dennoch schwierig war, derartige Lasten unter Feldbedingungen in die sehr hohe Il-14 zu verladen. In der Regel mußte ein LKW H 6 vor das Flugzeug gefahren werden, um als Rampe für das Umladen vom Transport-LKW in das Flugzeug und umgekehrt zu dienen.

Alle so umgerüsteten Maschinen wurden als Il-14P(T) bezeichnet. Damit die Il-14P(T) beim Belade- und Entladevorgang nicht hecklastig wurde und nach hinten abkippte, wurde unter dem Heck eine Sicherung in Form einer Metallstütze befestigt. Eine Il-14P(T) ist im vorderen Frachtraum für die Ausbildung von Navigatoren ausgerüstet und als fliegender Klassenraum benutzt worden.

Passagierflugzeug Il-14P

Die Transportfliegerkräfte der NVA verfügten neben Il-14 in der Ausführung als Mehrzwecktransporter auch über Flugzeuge dieses Typs, die als Passagier- bzw. als Salonausführung ausgestattet waren. Die Anzahl der Passagierplätze betrug 9 bis 32. In einer Salonausführung gab es im hinteren Rumpf eine Schlafgelegenheit. Es handelte sich um Flugzeuge aus sowjetischer und aus DDR-Produktion. Aus der Fertigung beider Länder stammten auch die Il-14P, die die Transportfliegerkräfte der NVA in den Jahren 1961/62 von der Luftverkehrsgesellschaft der DDR übernommen haben. Eine an der damaligen Transportfliegerschule in Dessau geflogene Il-14P hatte im vorderen Rumpf hinter dem Cockpit eine Kabine für acht Passagiere und hinten einen Raum für Fracht.

Die Einrichtungen der Passagierflugzeuge Il-14P waren sehr unterschiedlich. So gab es Flugzeuge mit einem Tisch zwischen den Bankreihen rechts und links ganz vorn, während er bei anderen Maschinen nicht vorhanden war.

Auch die Farbgebung war zunächst nicht einheitlich. In den letzten Dienstjahren waren alle Il-14 – bis auf die Fotoflugzeuge – mit einem Tarnanstrich versehen.

Passagierversion mit Tarnbemalung und nach außen zu öffnender Tür

Wartungsarbeiten an der Il-14P

Eine in Dresden gebaute Il-14P – erkennbar an dem kleinen Viereck links am Bug

Die Il-14 war ein Ganzmetallflugzeug, das von zwei luftgekühlten 14-Zylinder-Doppelsterneinspritzmotoren ASch-82T mit einer Startleistung von je 1387 kW angetrieben wurde. Die Vierblatt-Metall-Verstellpropeller AW-50 mit einem Durchmesser von 3,80 m hatten Flüssigkeitsenteisung. Gewährleistet war, daß beim Versagen eines Triebwerkes selbst im ungünstigsten Fall der Flug gefahrlos fortgesetzt werden konnte. Gegenüber der Il-12 trugen dazu neben der Triebwerksleistung die effektivere Segelstellungsanlage der Luftschrauben und die verbesserte Richtungsstabilität durch das neue Seitenleitwerk bei. Erstmals bei einem sowjetischen Serienflugzeug wurden bei der Il-14 nach dem Ausfahren der Räder die Fahrwerkklappen wieder geschlossen.

Der Rumpf der Il-14 wurde in Ganzmetall-Halbschalenbauweise gefertigt. In der Besatzungskabine befanden sich die Plätze der beiden Flugzeugführer, zwischen ihnen der Platz des Bordmechanikers, dahinter die Plätze des Navigators (links) und des Funkers (rechts). Die Kabine war schall- und wärmeisoliert sowie beheizbar und belüftbar. Die Kabinentür befand sich auf der rechten Seite hinter dem Tragflügel.

Das Tragwerk des freitragenden Tiefdekkers war nach einer damals neuen, nach ihrem Erfolg uneingeschränkt anerkannten Auftriebstheorie entwickelt worden. Damit wurde ein ausgezeichnetes Verhalten bei kritischen Anstellwinkeln und bei geringem Widerstand im Reiseflug gesichert. Die Ganzmetallflügel wurden dreiteilig in Schalenbauweise hergestellt; sie hatten drei Holme und eine thermische Enteisung. Das freitragende Leitwerk

Kabinenausstattung der Ausführungen

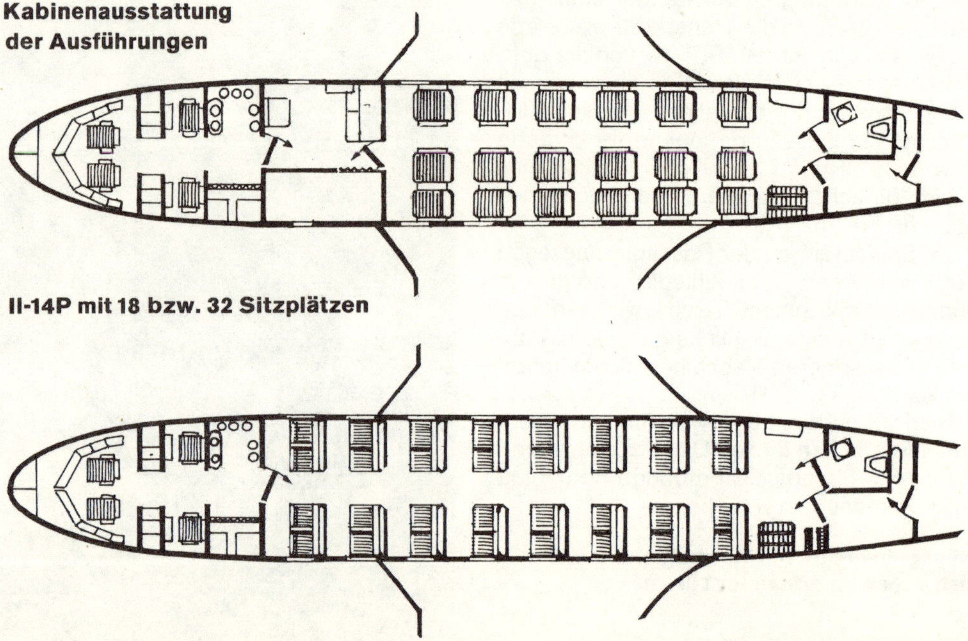

Il-14P mit 18 bzw. 32 Sitzplätzen

in Normalbauweise bestand ebenfalls völlig aus Metall und hatte eine thermische Enteisung.

Das hydraulisch einziehbare Bugradfahrwerk war vorn einfach und an den Hauptstreben doppelt bereift. Die Il-14 verfügte über kein Bordfunkmeßgerät, war aber dafür eingerichtet, unter allen Wetterbedingungen am Tage und in der Nacht zu fliegen. Der Start und die Landung auf Rasenbahnen waren möglich.

Fotoflugzeug Il-14P

Die Transportfliegerkräfte der NVA setzten den Flugzeugtyp Il-14 bis zum Ende der 70er Jahre mit unterschiedlicher Bestuhlung und Ausstattung für zahlreiche Aufgaben ein. Dazu zählten auch Fotoflüge. Bis zur Bildung eines entsprechenden Betriebsteiles der INTERFLUG hatten An-2 und Il-14 der NVA, mit demgemäßer Ausstattung versehen, über einen langen Zeitraum unter anderem wichtige ökonomische Aufgaben übernommen. Dazu gehörte die Vermessung der Förderstätten von Braunkohlengroßtagebauen der DDR. Beispielsweise fliegt heute eine INTERFLUG-Maschine mit Luftbildkameras an Bord zweimal im Monat über den Großtagebau Meuro. Die Luftbilder dienen als Grundlage für den Abbau und für den Einsatz der Großgeräte. Weil Kohle- und Abraumbagger, Förderbrücken und Bandanlagen heutiger Dimension und technischer Perfektion die äußere Gestalt der Tagebaue schnell verändern, werden in kürzeren Fristen aktuelle Kartenwerke mit zunehmendem Aussagewert verlangt. Diesem Zweck dient der Einsatz von Fotoflugzeugen.

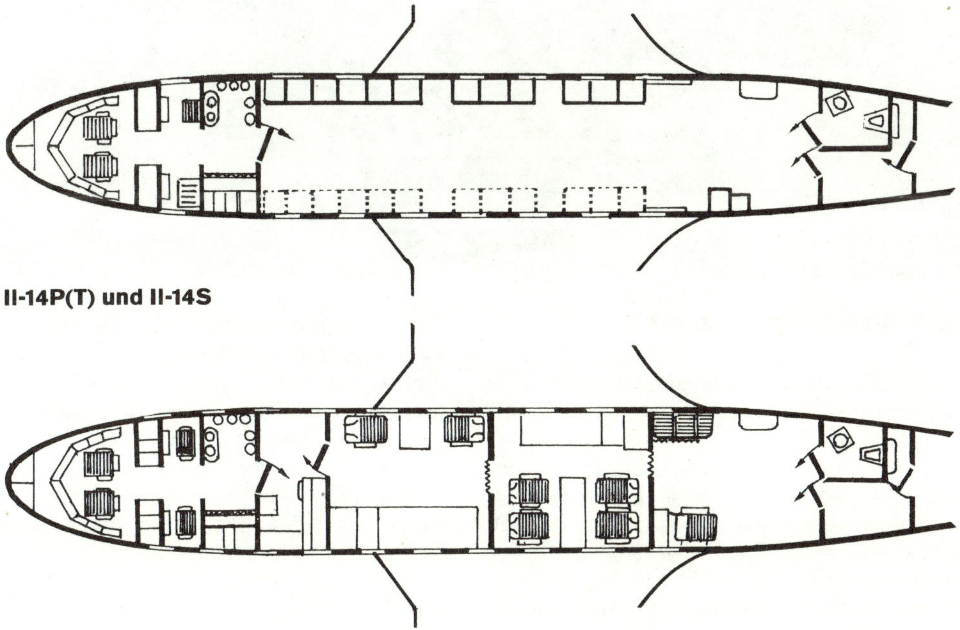
Il-14P(T) und Il-14S

Da die für Fotoaufnahmen oder für Kontroll- und Meßflüge verwendeten Il-14 der NVA nicht nur derartige Aufgaben zu erfüllen hatten beziehungsweise da sich diese Aufgaben im Verlauf von 25 Dienstjahren änderten, sind diese Flugzeuge ebenso wie andere Maschinen dieses Typs mehrmals umgebaut oder umgerüstet worden. So erhielten die für Fotoflüge bestimmten Il-14 eine wulstartige Wanne unter dem Vorderrumpf. Diese Bodenwanne hatte eine Verglasung nach vorn, die bei Start und Landung mit einer dreiteiligen Jalousie zu verschließen war. In dieser Wanne lag während des Fotofluges der Steuermann, um das genaue Einhalten der vorgesehenen Strecke insbesondere aus Höhen um 4500 m zu gewährleisten. Dazu bediente er sich eines optischen Vergrößerungsgerätes mit einem Fadenkreuz.

Der Foto-Operateur im Rumpf der Maschine

Die Wartungsluken an den Triebwerken ließen sich nach oben aufklappen

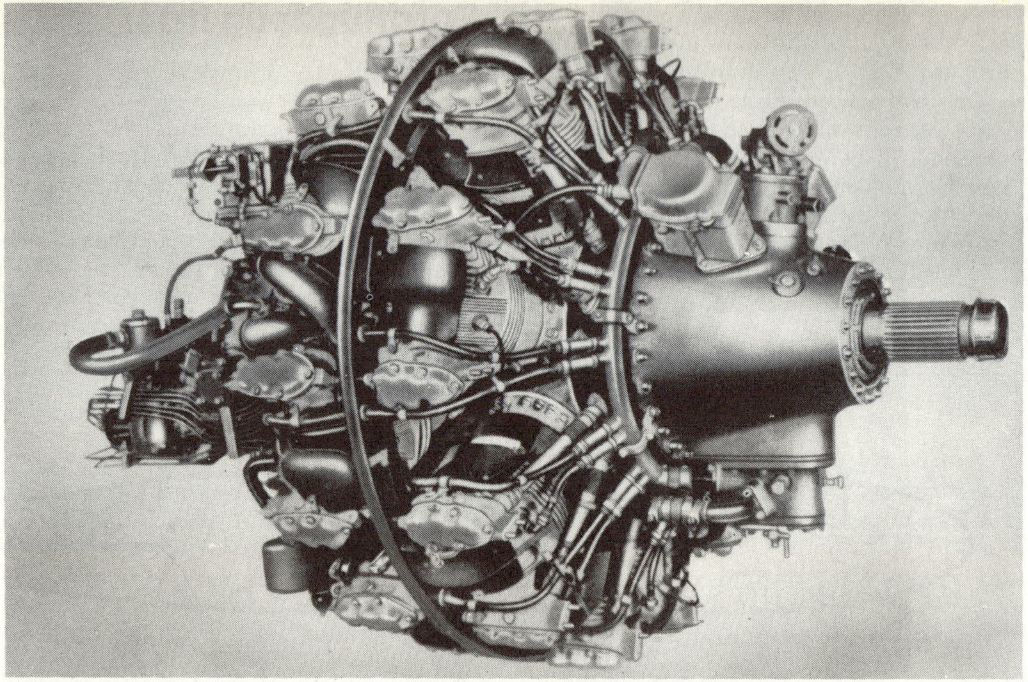

Das Il-14-Triebwerk ASch-82T

kontrollierte zwar über ein Periskop ebenfalls den Flugkurs, jedoch hatte er eine geringere Übersicht als der Navigator in der Bodenwanne. Wie Beteiligte an solchen Flügen berichteten, wurde mit dieser konstruktiven Änderung an der Zelle ein hundertprozentiges Einhalten der Fotostrecke gesichert. Andernfalls wäre die geforderte Genauigkeit für die Aufnahmen nicht möglich gewesen.

Ab 1962 sind zwei für diese Zwecke im VEB Flugzeugwerft Schkeuditz umgebaute Il-14P verwendet worden. Eine davon – die mit der Bordnummer 411 – ist noch bis zum November 1980 geflogen. Damit war sie die letzte Il-14, welche von der NVA außer Dienst gestellt worden ist. Am 28. Dezember 1957 war diese Maschine von der NVA übernommen worden. Die vom VEB Flugzeugwerk Dresden, Werk-Nummer 14 80 30 22, hergestellte Il-14P erhielt zunächst die Bordnummer 404, dann 426 und später – offensichtlich nach dem Umbau zum Fotoflugzeug – die 411. Nach der Außerdienststellung ist die 411 an die VR Ungarn übergeben und am 1. Dezember 1980 für das Museum der Kilian-Fliegerschule nach Szolnok überflogen worden. Dabei befand sich das Flugzeug äußerlich im ursprünglichen Zustand, also ohne Bugwanne.

Verbindungsflugzeug «Aero 45S» («Super Aero 45»)

Zu Beginn der 60er Jahre übernahmen die Luftstreitkräfte der NVA von der damaligen «Lufthansa», dem Vorgänger unserer INTERFLUG, die dort als Lufttaxi eingesetzten tschechoslowakischen Flugzeuge vom Typ «Super Aero 45». Diese formschöne zweimotorige Maschine nahm außer dem Flugzeugführer drei Passagiere an Bord. In der NVA wurde sie als Verbindungs- und Stabsreiseflugzeug verwendet, jedoch bereits nach wenigen Jahren außer Dienst gestellt, da sie die Anforderungen an ein militärisches Flugzeug nur unzureichend erfüllte. Auch die von den Luftstreitkräften der ČSSR als K-75 verwendeten Flugzeuge vom Typ «Aero 45» dienten nur sehr kurze Zeit für militärische Zwecke, offensichtlich aus dem gleichen Grund.

Im Jahre 1964 ist eine «Super Aero 45» aus dem Bestand der NVA an das Verkehrsmuseum in Dresden übergeben worden, wo sie noch heute – allerdings mit zivilen Kennzeichen – zu sehen ist. Sie befindet sich im Bereich Flugtechnik. Bedingt durch die Räumlichkeiten des Museums, hat man den linken Tragflügel gekürzt. Mit Hilfe einer Plexiglasscheibe kann man in den linken Triebwerksraum sehen. Am rechten Triebwerk ist das Rad ausgefahren, am linken eingefahren. Dieses Flugzeug ist 1954 produziert worden.

Die Entwicklung der ersten Ausführung «Aero 45» begann kurz nach der Befreiung des Landes durch die Konstrukteure Miroslav Baitler, Jiři Bouzek, Ondřej Nemec und František Vik im damaligen Flugzeugwerk Aero in Prag- Vysočani. Vorgesehen war ein viersitziges Reiseflugzeug, das sich auch für den Zubringerverkehr und als Lufttaxi, als Sanitäts-, Schul- und Übungsflugzeug sowie für Luftbildaufgaben, zur geologischen Erkundung und zur Hochwasseraufklärung eignen sollte.

Der erste Prototyp der «Aero 45» (Kennung OK-BCA) nahm am 21. Juli 1947 seine Flugerprobung auf. Im Jahr darauf begannen die Versuchsflüge mit dem zweiten Prototyp OK-CDA. Bis zum Jahr 1951 lieferten die Aero-Werke 200 Flugzeuge dieses Typs aus, von denen mehrere exportiert werden konnten; so nach Ungarn, in die Schweiz und nach Italien. Die Sowjetunion kaufte viele Flugzeuge «Aero 45».

Die Produktion der verbesserten Ausführung «Super Aero 45» (in der ČSSR als «Aero 45S Super» bezeichnet) wurde 1954 im Werk LET in Kunovice aufgenommen, da Aero durch den Beginn der Lizenzserienfertigung des Jagdflugzeuges MiG-15 (in der ČSSR als S-102 bezeichnet) völlig ausgelastet war. Ende 1953 hatte LET die Dokumentation aus Prag erhalten und zunächst 20 Flugzeuge aus bereits gefertigten Baugruppen und Teilen montiert.

Insgesamt sind in 12 Serien 228 Maschinen «Aero 45S» hergestellt und an zahlreiche Länder Europas, Afrikas und Asiens geliefert worden. In China wurde die «Aero 45S» als

«Aero 45S» mit geöffnetem Einstieg

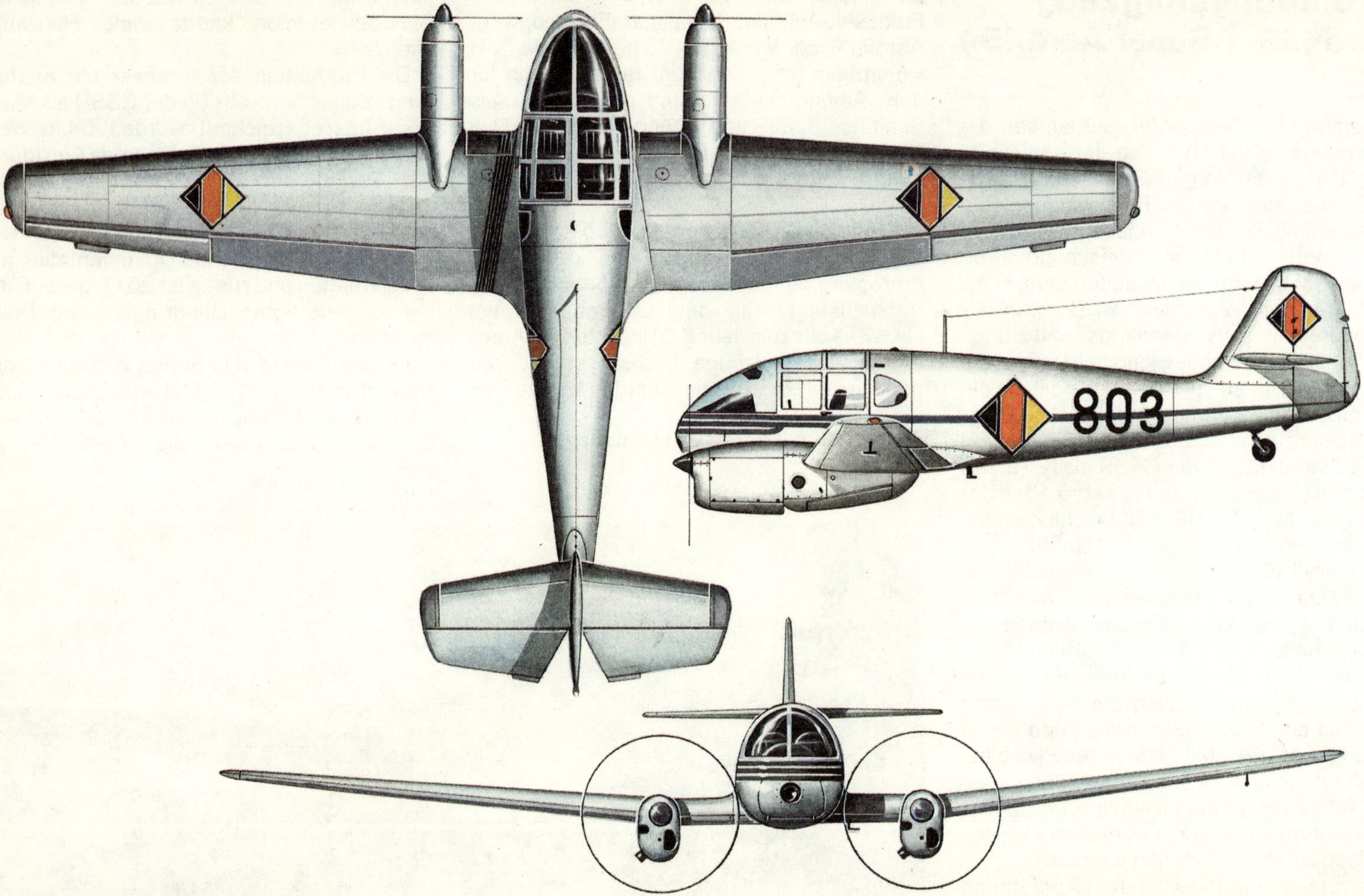

Verbindungsflugzeug «Aero 45S»

Verbindungsflugzeug «Aero 45S»

«Suingari-1» in Lizenz gebaut. Der Vollständigkeit halber sei erwähnt, daß ab 1959 die «Aero 145» mit den stärkeren Triebwerken M 332 (je 103 kW Startleistung, mit Lader und direkter Kraftstoffeinspritzung) ausgeliefert worden ist. Diese Version war serienmäßig mit einer Funkanlage versehen, bei der «Aero 45S» war das auf Wunsch möglich. Die Maschinen der LSK/LV der NVA hatten Funkgeräte.

Eine «Aero 45S» beim Start

Walter Minor 4-III – das Triebwerk der «Aero 45S»

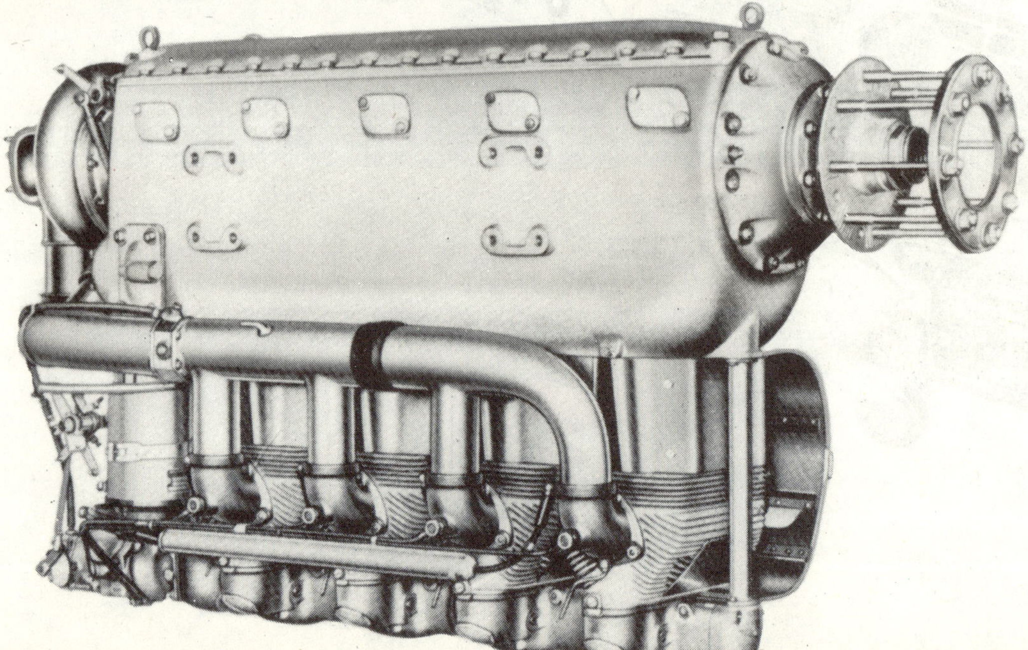

Insgesamt sind bis zum Abschluß der Produktion im Jahr 1961 590 «Aero 45», «Super Aero 45» und «Aero 145» ausgeliefert worden.

Die «Aero 45S» besaß einen Rumpf in Ganzmetall-Halbschalenbauweise mit Profilblechspanten und durchlaufenden Holmen aus Walzprofilen. Die Kabine mit zwei Sitzen in der ersten und einer Sitzbank in der zweiten Reihe war stark verglast, schall- und wärmeisoliert sowie mit einer Heizung versehen. Zugänglich war die Kabine von beiden Seiten mit Hilfe nach oben zu bewegender Klappen.

Der Rumpf und das Tragflügelmittelstück bildeten ein Ganzes. Das Tragwerk des Ganzmetall-Tiefdeckers war dreiteilig und hatte drei Holme. Im Mittelteil waren die Gondeln mit den hängenden, luftgekühlten Vierzylinder-Reihenmotoren Walter Minor 4-III (Startleistung je 77 kW, Zweiblatt-Verstell-Luftschraube aus Holz), mit dem einziehbaren Fahrwerk sowie die inneren Auftriebsklappen untergebracht. Das Leitwerk war in Normalbauweise in Ganzmetall ausgeführt, die Ruder hatten Stoffbespannung. Das Fahrwerk wurde elektrisch betätigt, das Spornrad ließ sich nicht einfahren. Die Räder hatten hydraulische Bremsen. Der Anbau von Schneekufen war möglich.

Mehrzweckflugzeug L-60

Für einen kurzen Zeitraum – von Anfang 1960 bis zum Ende des Jahres 1962 – verwendeten die Luftstreitkräfte der DDR das Mehrzweckflugzeug L-60. Es diente zunächst als Schulflugzeug für die Ausbildung der Piloten von Verbindungsflugzeugen und leichten Transportflugzeugen. Außerdem konnte man die L-60 für Verbindungsaufgaben, als Absetzmaschine für drei Fallschirmspringer sowie zum Befördern kleiner und leichter Frachten benutzen, beispielsweise von Kurierpost.

Bei der von der NVA geflogenen L-60-Version handelte es sich um die militärische Ausführung K-60, die mit einem automatischen Funkkompaß ausgerüstet war. Die unbewaffnete Maschine hatte kein Freund-Feind-Kennungsgerät. 1962/63 sind alle 20 L-60 von den Luftstreitkräften an die zivile Luftfahrt der DDR übergeben worden.

Entstanden ist der Typ nach Forderungen des tschechoslowakischen Verteidigungsministeriums von 1950 nach einem dreisitzigen Verbindungsflugzeug. Es sollte das von den Luftstreitkräften des Landes nach 1945 als K-65 «Čáp» (als Schulmaschine: C-5) geflogene Muster Fieseler Fi 156 «Storch» ablösen. Aus dem als LB gekennzeichneten Vorhaben entstand 1951 das Projekt LB-60, vom Konstrukteur Ondřej Nemec zum Prototyp XL-60 entwickelt.

Da das für den neuen Typ vorgesehene Triebwerk M-208B – konstruiert von Ingenieur Kruliš – noch nicht verfügbar war, startete zum Erstflug im Jahr 1953 der erste Prototyp XL-60 mit dem Motor Argus As 10C (auch im K-65 «Čáp» eingebaut, Startleistung 176 kW), Kennung 010. Nachdem O. Nemec mit anderen Aufgaben – dem Lizenzbau der Il-10 sowie der MiG-15 – betraut worden war, übernahm im Jahr 1953 Ingenieur Zdenék Rublič die weitere Entwicklung des Typs.

Der zweite Prototyp XL-60 (Kennung OK-JEA, als «Brygadyr» bezeichnet und mit einem 300-kg-Behälter für Chemikalien als Landwirtschaftsausführung ausgerüstet) startete am 22. März 1955 zum Erstflug. Er war gegenüber dem ersten Prototyp überarbeitet und mit dem Triebwerk M-208B sowie der Luftschraube V-411 versehen worden.

Als dritter Prototyp XL-60 folgte am 28. Juli 1955 die militärisch ausgerüstete V-01, bewaffnet mit einem 7,92-mm-MG 15 und ausgestattet mit Vorrichtungen zur Aufnahme leichter Bomben unter den Tragflügeln. In dieser Ausführung ist von 1958 bis 1968 die erste Serienversion L-60A von den Luftstreitkräften der ČSSR unter der Bezeichnung K-60 als Kurier- und Verbindungsflugzeug verwendet worden.

Das bis zum Beginn der 60er Jahre in den Versionen L-60A, -B, -C, -D, -E und -F in 273 Exemplaren gebaute Flugzeug ist in folgenden Ländern verwendet worden: Ägypten, Argentinien, BRD, Bulgarien, Ceylon (heute Sri Lanka), DDR, Jugoslawien, Kuba, Österreich, Polen, Rumänien, Schweiz (dort oft mit Schneekufen), Syrien, UdSSR, Ungarn.

Eine L-60 mit Standardbemalung

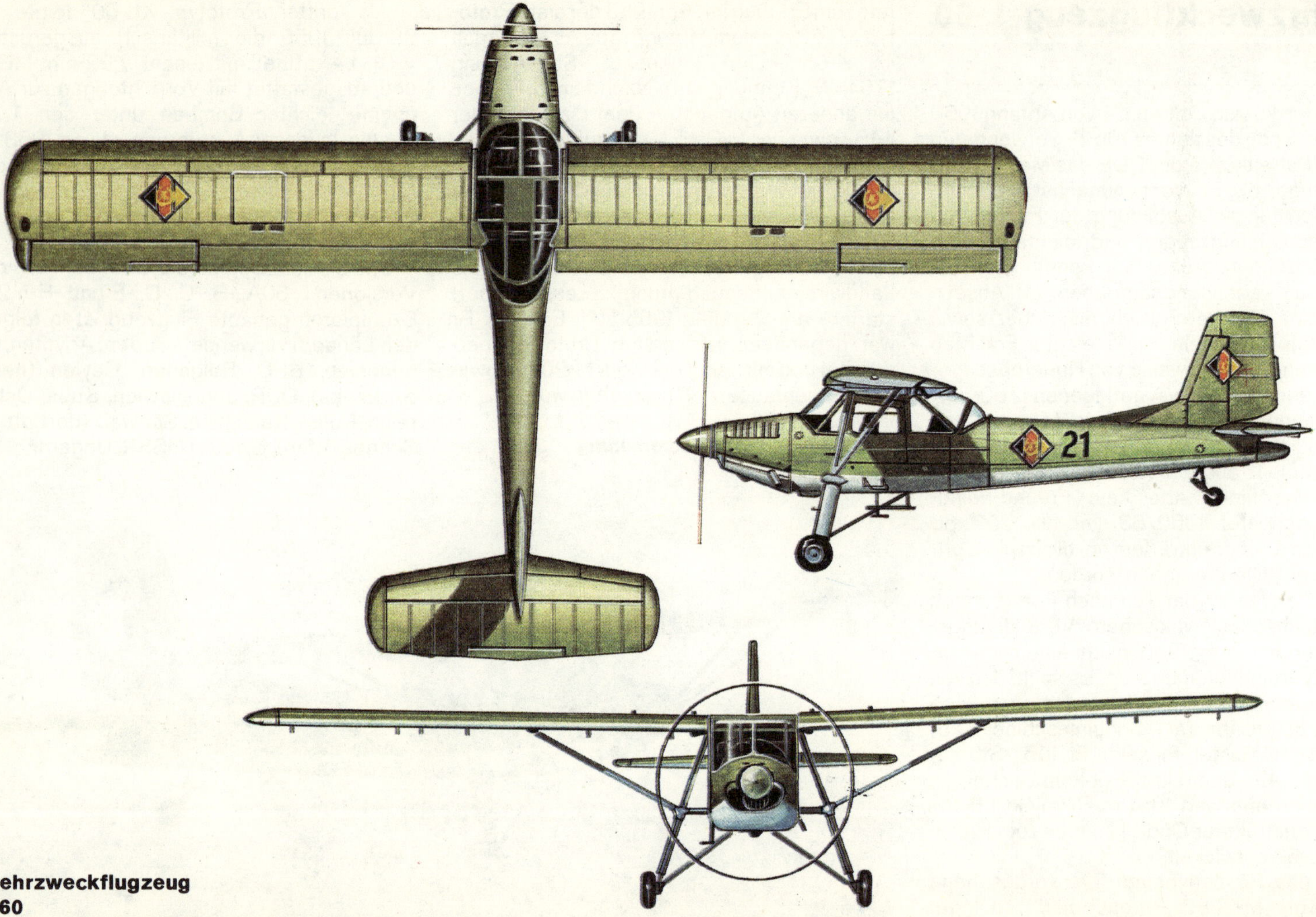

Mehrzweckflugzeug
L-60

Mehrzweckflugzeug L-60

Für den Wirtschaftsflug hat die DDR die Landwirtschaftsausführung L-60B eingeführt. Auch die GST hat die L-60 verwendet.

Die L-60 war ein einmotoriger Hochdecker mit nichteinziehbarem Heckradfahrwerk. Sie war bis auf einen Teil der Außenhaut in Ganzmetall-Bauweise gefertigt. Im Vorderteil bestand der Rumpf aus einer sehr stabilen Fachwerk- und einer Schalenkonstruktion. Von Duralbauteilen und geschweißten Stahlrohren wurden die Kräfte des Triebwerkes, des Trag- und des Fahrwerkes aufgenommen und übertragen. Die Hochdeckeranordnung bedingte eine sehr feste Verstrebung von Rumpfseiten und Kabine. Hinter dieser bestand der Rumpf aus einer reinen Schalenkonstruktion mit genieteten Duraluminiumblechen.

Der Fluglehrer gibt letzte Hinweise

M-208B – das Triebwerk der L-60

Die Haube um den luftgekühlten Sechszylinder-Reihenmotor (Boxer-Anordnung) M-208B (auch als Praga «Doris» bezeichnet) mit verstellbarer Luftschraube war aerodynamisch günstig gestaltet. Um bei Wartungsarbeiten gut an das Triebwerk zu gelangen, waren der untere Teil der Haube abnehmbar, der obere an beiden Seiten hochzuklappen. Der Motor hatte eine Masse von 200 kg. Seine Ausmaße waren 1229 mm x 934 mm x 611 mm. Die Kraftstoffbehälter nahmen 200 l auf.

Die allseitig verglaste Kabine hatte vier Sitze. Möglich war eine Doppelsteuerung bei der Verwendung als Schulflugzeug. Die Türen beider Seiten ließen sich im Notfall leicht abwerfen. Der fast rechteckige Tragflügel mit dem Profil NACA 4412 hatte ausfahrbare, mechanisch gekoppelte Schlitzflügel, Spaltlandeklappen und eine Tiefe von 175 cm. Er war an der Flügelnase, an den Randbögen, an den Versteifungen von Querrudern und Landeklappen, im Bereich der Kraftstoffbehälter sowie der Ansatzpunkte von Verstrebungen metallbeplankt, ansonsten zur Einsparung von Masse mit Leinwand bespannt. Das in Normalbauweise gefertigte Leitwerk hatte stoffbespannte Ruder. Die Räder waren mit hydraulischen Bremsen und Niederdruckreifen versehen.

Verbindungs- und Transportflugzeug An-14A

Seine Entwicklung verdankte dieses Flugzeug dem von der sowjetischen Luftverkehrsgesellschaft AEROFLOT Mitte der 50er Jahre erteilten Auftrag nach einem Ablösemuster für die einmotorige An-2, die damals bereits fast zehn Jahre im Einsatz stand. Offensichtlich war es aber nicht einfach, für den unverwüstlichen Anderthalbdecker An-2 einen Ersatz zu finden, wie das die Geschichte der An-14 beweist:

Als die Transport- und Verbindungsfliegerkräfte der NVA im Jahr 1966 einige An-14 erhielten, erwies sich das Flugzeug zwar auch als geeignet, militärische Aufgaben zu erfüllen, jedoch bestand zu dieser Zeit beim ursprünglichen Auftraggeber schon gar nicht mehr die Absicht, die An-2 durch die An-14 «Ptscholka» («Bienchen») zu ersetzen.

Der Serienbau des Typs, der im Juli 1957 als originalgroße Attrappe vorgestellt und ab 15. März 1958 als Prototyp eingeflogen wurde, hatte sich bis zum Jahr 1965 verzögert. Bis dahin hatte die An-14 auch einige Änderungen erfahren. Das betraf die Triebwerke ebenso wie die Luftschrauben, die Tragflügel in Form und Spannweite ebenso wie das Seitenleitwerk.

Begründet wurde der späte Anlauf der Serienproduktion des nunmehr An-14A genannten Typs damit, daß man im Konstruktionsbüro von Antonow vornehmlich an der Entwicklung des Transporters An-22 «Antäus» und des Passagierflugzeuges An-24 zu arbeiten hatte. Außerdem war eine Reihe von Aufgaben von dem inzwischen zur leistungsstärkeren An-2M modifizierten Anderthalbdecker übernommen worden.

Neben der UdSSR und der DDR haben Bulgarien, Jugoslawien, die Mongolei sowie einige afrikanische Staaten die An-14A bezogen. Das schnell umrüstbare Flugzeug war für den Transport von sieben Personen oder von sechs Verwundeten auf Tragen oder von 720 kg Nutzlast geeignet. Im zivilen Bereich konnte es auch als Geschäftsreise- oder als Landwirtschaftsflugzeug verwendet werden.

In der NVA ist die An-14A hauptsächlich für Kurier- und Verbindungsaufgaben benutzt worden – zur Beförderung von Personen und kleinen Frachtmengen. Im Jahr 1981 wurden die An-14A der NVA außer Dienst gestellt.

Mit seinen großdimensionierten, nicht einziehbaren Rädern (mit Niederdruck-Reifen) an Bugstrebe und Hauptfahrwerksbeinen war die An-14A in der Lage, mit kurzen Start- und Landeflächen, darunter Grasbahnen, auszukommen. Die bremsbaren und abgefederten Haupträder waren an den Stummelflügeln beiderseits des Rumpfes befestigt. Von den Stummelflügeln führten Verstrebungen zu den relativ schmalen Tragflügeln großer Spannweite. Die Tragflügel – aus Ganzmetall wie Rumpf und Leitwerk – waren mit automatisch fahrenden Vorflügeln, einer zweiteiligen Landeklappe und einer thermischen Enteisungsvorrichtung versehen.

Eine An-14 mit Tarnanstrich

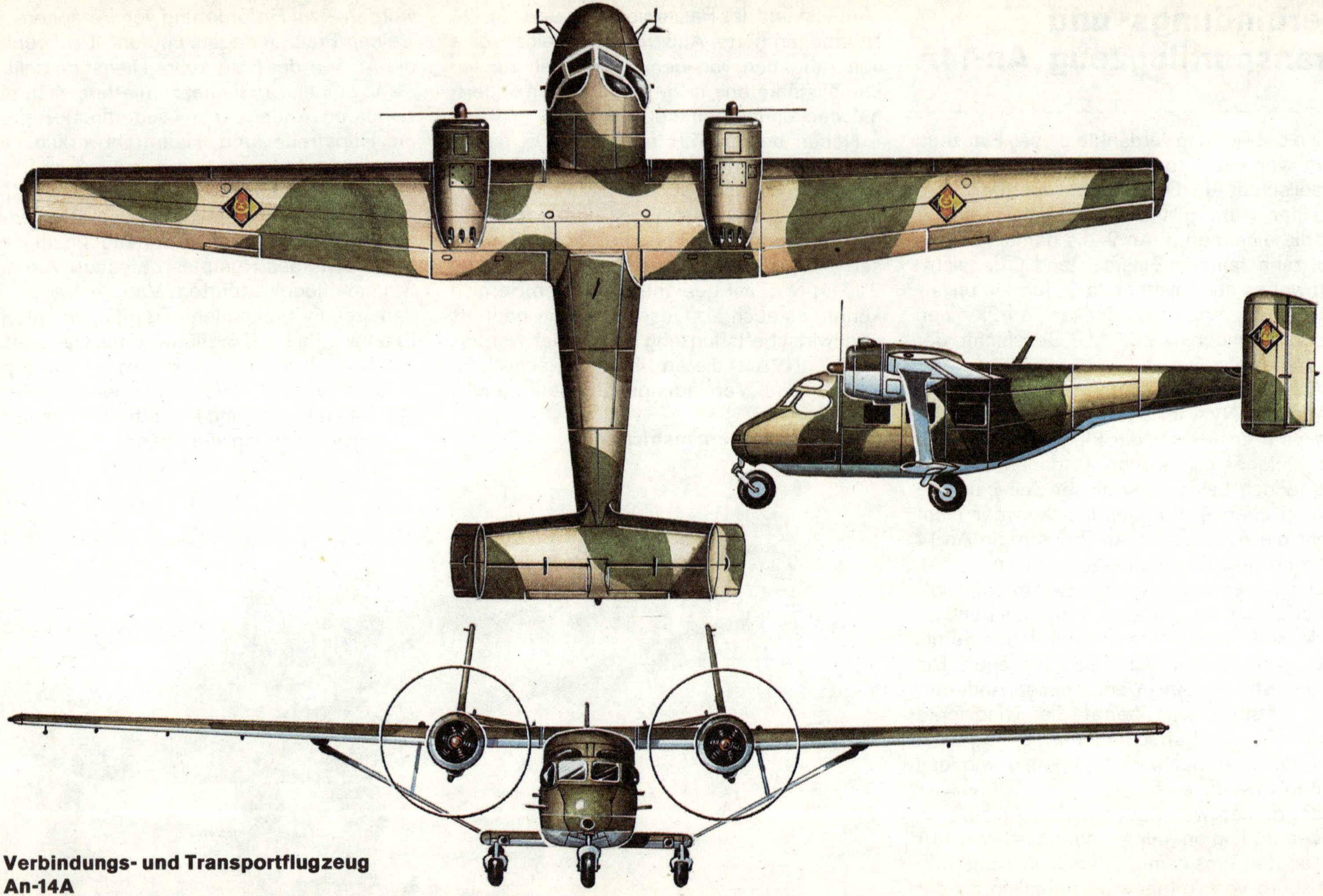

Verbindungs- und Transportflugzeug
An-14A

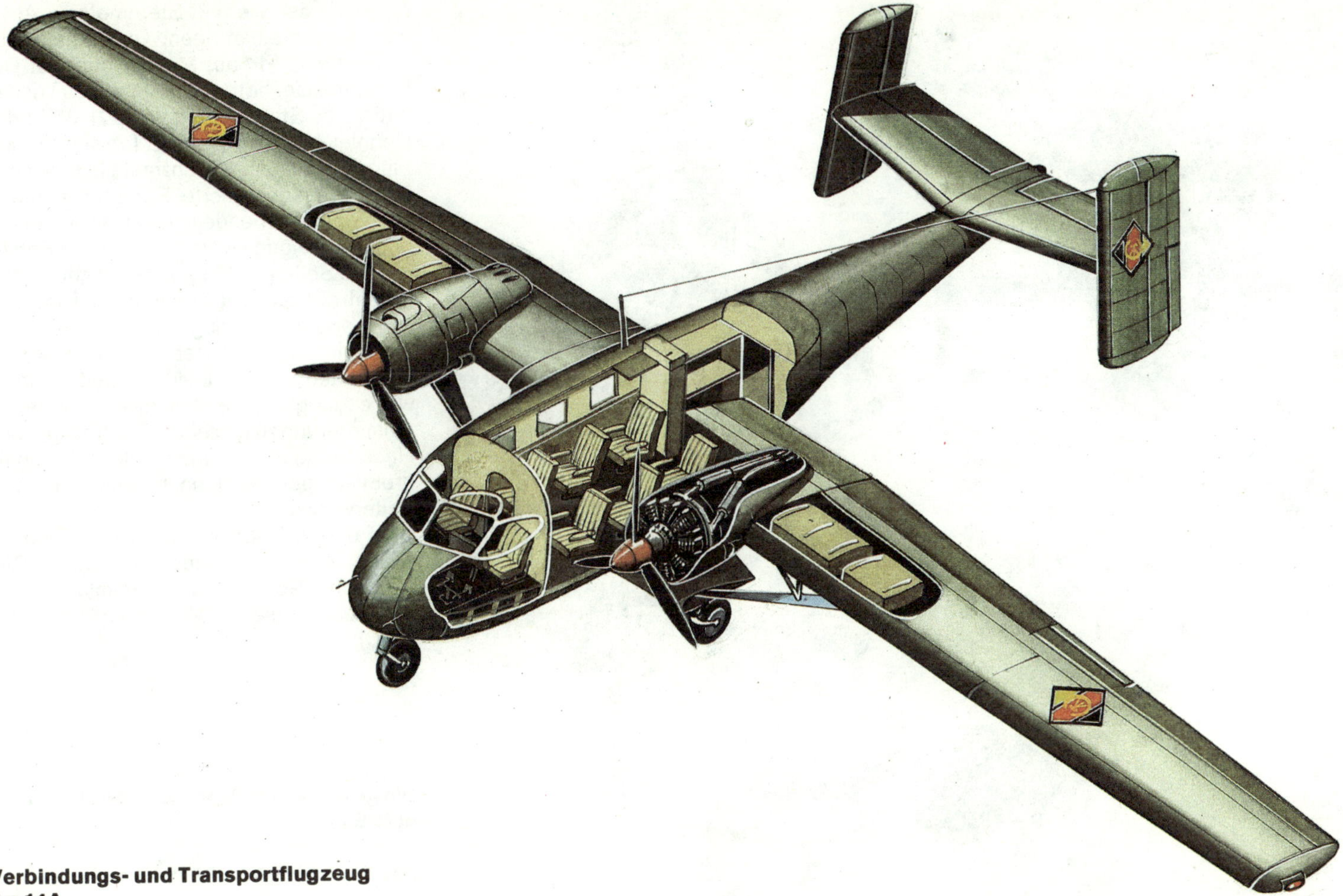

Verbindungs- und Transportflugzeug
An-14A

An jedem Tragflügel war ein luftgekühlter Neunzylinder-Viertakt-Sternmotor AI-14RF mit einer dreiblättrigen, verstellbaren Luftschraube AW-14 aus Metall eingebaut. Deren Durchmesser betrug 2,90 m. Jedes Triebwerk hatte eine Startleistung von 221 kW und eine Nennleistung von 210 kW. Typisch für dieses Flugzeug war der in Ganzmetall-Halbschalenbauweise konstruierte Rumpf mit den sich nach unten öffnenden Heckklappen zum Ein- und Aussteigen sowie zum Be- und Entladen.

Jede Seite des Fluggast- beziehungsweise Frachtraumes hatte drei Fenster. Die von diesem abgeteilte Flugzeugführerkabine war ebenfalls stark verglast. Der Flugzeugführersitz befand sich auf der linken Seite. Prinzipiell war es möglich, die Maschine mit einer Doppelsteuerung zu versehen. Das hochgezogene Heck trug das Höhenleitwerk mit den beiden großflächigen, weit nach unten gezogenen Seitenleitwerken.

Je eine An-14A befindet sich auf der Freifläche des Armeemuseums der DDR in Dresden (996) und in der Sammlung der Offiziershochschule für Militärflieger in Bautzen (995).

Die gewölbten Kabinenscheiben boten gute Sicht

Das Triebwerk AI-14RF der An-14

Einstieg und Ladeluke einer An-14

Passagierflugzeug Il-18W

Zum Bestand der Transportfliegerkräfte der NVA gehörten von 1960 bis 1972 einige Passagierflugzeuge Il-18W, die als Salonausführung eingerichtet waren. Danach sind diese Flugzeuge über viele Jahre von der zivilen Luftfahrt unseres Landes geflogen worden, allerdings mit der Bestuhlung als Linienmaschinen für den Passagierflug.

Die Il-18 war bis in die 70er Jahre das am meisten verwendete Verkehrsflugzeug der UdSSR. Gleichzeitig wurden auch über 100 Maschinen an Halter in 19 weiteren Staaten verkauft. Damit war die Il-18 jener sowjetische Flugzeugtyp, der erstmals in derartigen Stückzahlen exportiert wurde.

Nach den Erfahrungen mit der Il-18 aus dem Jahr 1947 (Erstflug 30. Juli 1947, Antrieb durch vier Kolbentriebwerke ASch-73 mit je 1360 kW Startleistung; kein Serienbau, da man damals noch kein derart großes Flugzeug für 55 bis 66 Passagiere benötigte) konzipierte das Iljuschin-Kollektiv 1955 die mit vier Turboprop-Triebwerken NK-4 (Startleistung je 2940 kW) versehene Il-18. Das Flugzeug, das für die schnelle Beförderung von 75 Passagieren unter günstigen ökonomischen Bedingungen vorgesehen war, erhielt einen druckdichten Rumpf- und Kabinenraum. In einer Flughöhe von 10 000 m herrschte darin ein Druck, der einer Flughöhe von 2000 m entsprach.

Am 4. Juli 1957 startete der Prototyp SSSR-L-5811 «Moskwa» unter Leitung des langjährigen Iljuschin-Testpiloten W. K. Kokkinaki zum Erstflug. Die Flugerprobung der insgesamt drei Prototypen bestätigte die pro-

Eine Il-18W der NVA

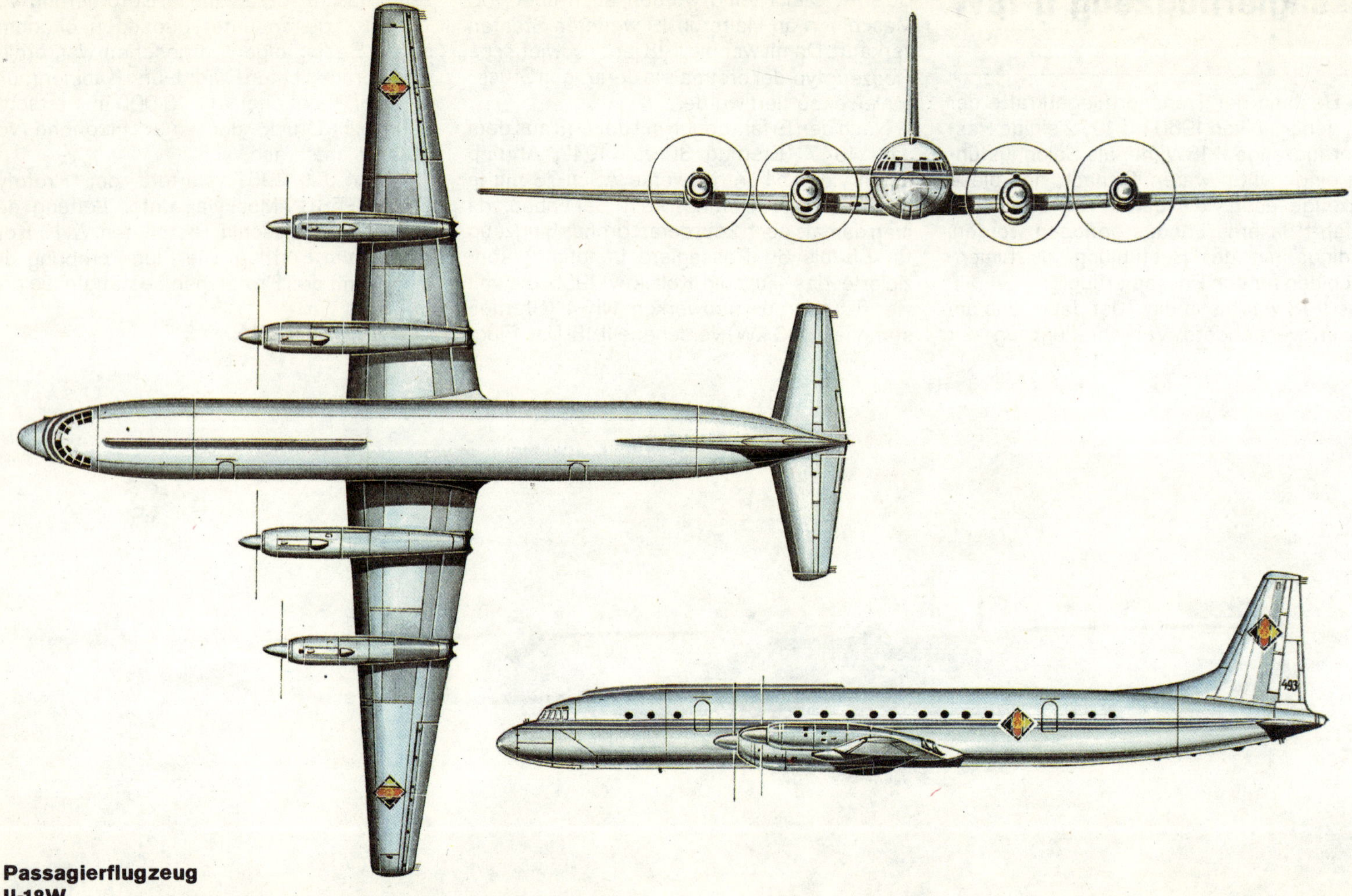

Passagierflugzeug
Il-18W

Passagierflugzeug
Il-18W

jektierten Flugleistungen. Im Jahr 1958 begann die Serienproduktion, im Jahr darauf nahm AEROFLOT den Typ in den Liniendienst, und am 20. März 1960 überführte eine sowjetische Besatzung die erste Il-18 nach Berlin. Mit dem Flugzeug kamen fünf sowjetische Instrukteure, um die weitere Ausbildung von Besatzungen unserer Zivilluftfahrt zu übernehmen. Bereits am 3. April 1960 startete eine Il-18 der DDR zum Eröffnungsflug nach Moskau.

Noch heute befindet sich die Il-18 im Bestand der INTERFLUG. Die Il-18 errang eine Reihe von Weltrekorden. Beispielsweise erreichte sie 1959 über eine Strecke von 2000 km mit 15 000 kg Nutzlast eine Geschwindigkeit von 719 km/h. Im selben Jahr brachte sie 20 000 kg Zuladung auf eine Höhe von 12 000 m. Bekannt wurde der Typ auch durch den Langstreckenflug von Moskau nach Mirny in der Antarktis im Dezember 1961. In 44 Flugstunden wurde die 25 793 km lange Strecke zurückgelegt. Eine Il-18 landete im März 1977 in der Nähe der driftenden Polarstation SP-22, und später ist eine reguläre Strecke Moskau – Antarktika mit Il-18 eingerichtet worden.

Die sowjetische Luftfahrtindustrie hat bis zum Ende der Produktion im Jahr 1969 insgesamt 565 Il-18 in den Versionen A, B, W, D und E gebaut, die teilweise nochmals modifiziert worden sind. Die äußere Form sowie die Abmessungen blieben erhalten, lediglich die Triebwerke, die Innenausstattung, die Startmasse und die Flugweiten veränderten sich.

Ab 51. Maschine wurden die Triebwerke Iwtschenko AI-20K eingebaut (je 3075 kW

Eines der vier PTL-Triebwerke der Il-18W

Startleistung, mit Vierblatt-Metall-Verstellpropeller AW-681, Durchmesser 4,50 m mit Bremsstellung).

Die von der NVA genutzten Flugzeuge zählten zu der Version Il-18W, die ab 1962 als Hauptversion der Il-18-Reihe gebaut worden ist und einen Kraftstoffvorrat von 23 700 l hatte.

Der Rumpf der Il-18 ist in Ganzmetall-Schalenbauweise nach dem Failsafe-Prinzip (ausfallsicher) mit kreisförmigem Querschnitt konstruiert. Im Bug befindet sich unter einer Plastverkleidung ein Funkmeßgerät. Dem Besatzungsraum mit den Plätzen für die beiden Flugzeugführer, den Bordingenieur, den Funker und den Navigator schließt sich der Bereich mit den Passagierkabinen, Toiletten, Garderoben sowie der Bordküche und dem druckdichten Frachtraum an.

Das Tragwerk des freitragenden Tiefdekkers in Ganzmetallbauweise hat drei Holme im Mittelteil und zwei in den Außenflügeln. Es weist Spaltklappen und eine elektrothermische Enteisung auf. Auch das in freitragender Normalbauweise gefertigte Leitwerk hat eine elektrothermische Enteisung. Das einziehbare Fahrwerk ist an der Bugstrebe mit Zwillingsrädern und an den Hauptstreben mit je vier Rädern versehen.

Die Ausrüstung der Il-18 erlaubt Flüge unter allen Wetterbedingungen am Tage und in der Nacht sowie den Anflug von Flughäfen mit der unterschiedlichsten Ausstattung.

Passagierflugzeug Tu-124W

Zu den Ablösemustern der Il-14 in der Salonversion gehörte Mitte der 60er Jahre neben der Il-18W auch die Tu-124W. Geflogen wurden diese Passagiermaschinen ab 1964 von Besatzungen des späteren Transportfliegergeschwaders «Arthur Pieck».

Erstmals wendete man in der Sowjetunion bei der Tu-124 Zweikreis-Turbinen-Luftstrahltriebwerke (ZTL) an, da sie für den vorgesehenen Einsatzbereich besonders ökonomisch waren.

Die Flugerprobung des Prototyps begann im Juni 1960 (SSSR-45000). Am 2. Oktober 1962 nahm die Tu-124 bei der AEROFLOT den Liniendienst auf. Der Prototyp und die ersten Serienmaschinen hatten drei Kabinenabteile mit 12, 8 und 24 Plätzen für insgesamt 44 Passagiere. Es folgten die Versionen Tu-124W für 56 Fluggäste (Kabinen mit 12, nochmals 12 und 32 Plätzen), Tu-124K für 36 Passagiere und Fracht sowie die Tu-124K2 für 22 Passagiere und Fracht.

Die Tu-124 beförderte etwa die Hälfte der Nutzlast einer Tu-104, hatte aber bessere Start- und Landeeigenschaften. Außerdem konnte die Maschine auch von kleineren Start- und Landeflächen aus eingesetzt werden, weil das günstige Verhältnis der Leistungsbelastung, die Doppelspaltlandeklappen sowie die Luftbremsen kurze Start- und Landestrecken ermöglichten. Geschwindigkeit und Komfort jedoch wurden geboten wie bei einem größeren Flugzeug.

Die Konstrukteure hatten vorgesehen, daß die Tu-124 auch ohne Betonpisten auskam. Dazu hatte man das Fahrwerk mit großen Federwegen und Niederdruckreifen ausgestattet. Der Reifeninnendruck war bei den Rädern der Tu-124 um 30 Prozent geringer als bei denen der Tu-104. Da bei der Höhe dieser Maschine Tragflügel, Fahrwerk und Triebwerke vom Boden aus zugänglich waren, konnte man bei der Wartung ohne Spezialtreppen auskommen. Die elektrische Ausrüstung war im Rumpfboden zusammengefaßt. Durch Klappen konnte sie leicht erreicht werden.

Der Rumpf stellte eine Ganzmetall-Halbschalenkonstruktion mit kreisförmigem Querschnitt dar. Die verglaste Bugkanzel bildete den Arbeitsplatz für den Navigator. Unter dem Bug befand sich die Radarwanne; der Rumpf nahm im Unterteil die aerodynamische Bremse auf. Das Tragwerk des freitragenden, gepfeilten Tiefdeckers bestand ebenfalls ganz aus Metall. Die beiden ZTL-Triebwerke Solowjow D-20P (Startschub je 53 kN) waren in den Tragflügelwurzeln eingebaut. Der Tankinhalt betrug 13 120 l. Details der Tragflügel waren die thermische Enteisung, Doppelspaltklappen sowie Luftbremsen auf der Oberseite. Das in Normalbauweise gefertigte freitragende Leitwerk aus Ganzmetall hatte eine starke Pfeilung und war mit einer elektrischen Enteisung ausgestattet. Das Bugradfahrwerk war mit Scheibenbremsen versehen. Das Bugrad hatte Zwillingsräder; an jeder Hauptfahrwerksstrebe befanden sich vier Räder (Wagenfahrwerk). Das Bugrad konnte beim Rollen nach jeder Seite um 35°, bei Start und Landung um 5° gelenkt werden. Damit beim Rollen kein Schmutz, keine Steine oder andere Fremdkörper in die Triebwerksräume geschleudert wurden, waren die Räder mit Klappen versehen.

Im Jahr 1975 sind alle Tu-124W der NVA an die AEROFLOT übergeben worden.

Eine Tu-124W der NVA

Passagierflugzeug
Tu-124W

Zieldarstellungsflugzeug Il-28

Auf Befehl des Ministers für Nationale Verteidigung wurde im Jahr 1959 für die NVA eine spezielle Zieldarstellungsstaffel gebildet und mit dem Flugzeugtyp Il-28 ausgerüstet. Ihre Aufgabe bestand zunächst darin, für diesen Typ die entsprechenden Besatzungen auszubilden, um später für die Jagdfliegerkräfte als Luftziele – insbesondere in geringen Höhen – zu handeln.

In erster Linie war jedoch die Zieldarstellung für die Truppenluftabwehr sicherzustellen. Dazu flogen die Il-28 dieser Zweckbestimmung mit einem Luftsack im Schlepp, auf den die Fla-Waffen vom Kaliber 14,5 mm bis 57 mm scharf schossen.

Die ersten Luftsackschleppflüge begannen im Frühjahr 1960. Für diese Aufgabe führte die Il-28 im Bombenschacht – in die standardmäßige Vorrichtung eingeklinkt – einen zusammengerollten textilen Luftsack mit. Ausgerollt stellte er eine 8 m lange und 1 m dicke zigarrenförmige Stoffhülle dar. Außer dem Luftsack befand sich im Bombenschacht eine Trommel mit einem 2000 m langen und 4 bis 5 mm starken Stahlseil.

Hatte das Flugzeug den Handlungsraum erreicht, fuhr der Flugzeugführer die Landeklappen auf die Stellung 15° aus und verringerte die Fluggeschwindigkeit auf 280 km/h. Damit sollte verhindert werden, daß der sich entfaltende Luftsack abreißt oder selbst zerreißt. Über den Bombenknopf löste der in der Bugkanzel sitzende Navigator das Ausfahren des Luftsackes aus. Mit diesem zusammen zog sich das Seil heraus. Mit Hilfe einer Fliehkraftbremse an der Seiltrommel wurde einem zu starken Entfaltungsstoß entgegengewirkt. Nach zwei bis drei Minuten konnte der Schütze in der Heckkanzel melden, daß sich das Seil mit dem Luftsack voll ausgerollt hatte. Danach konnte der Flugzeugführer die Geschwindigkeit auf 400 bis 420 km/h erhöhen und die Flak-Stellungen anfliegen.

Da die 57-mm-Flak S 60 mit der Geschützrichtstation automatisch feuerte, waren im Luftsack Aluminium-Kegel eingelassen, um

Gut zu erkennen sind die Radabdeckungen der Il-28

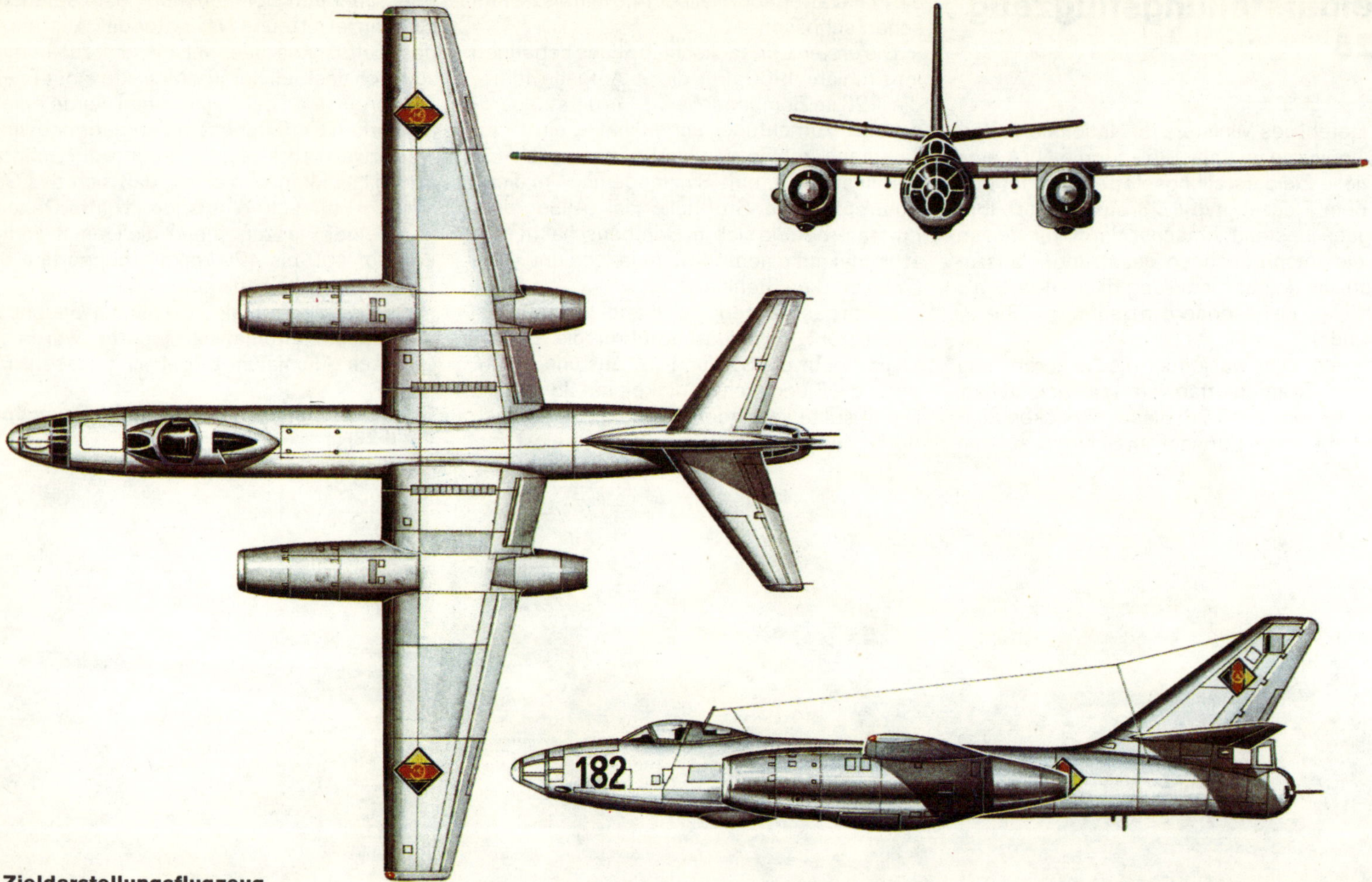

Zieldarstellungsflugzeug
Il-28

Zieldarstellungsflugzeug
Il-28

Die Kabinenabdeckungen am Navigator- und Flugzeugführersitz sind geöffnet

Flugzeugführer, Navigator und Bordfunker/ Schütze vor dem Einsatz

die benötigte reflektierende Fläche zu schaffen. Mehrmals ist von der sehr präzise feuernden Flak der Luftsack abgeschossen worden.

Selbstverständlich gab es Festlegungen, um die Sicherheit der Flugzeugbesatzungen unter allen Bedingungen zu gewährleisten. Bis zur Außerdienststellung der letzten Il-28 dieser Zieldarstellungsstaffel im Oktober 1982 ist es deshalb auch zu keinem ernsthaften Zwischenfall gekommen.

Hatte die Il-28 ihre Aufgabe erfüllt, flog sie den eigenen Flugplatz an und warf an der dafür vorgesehenen Stelle das Seil mit dem daranhängenden Luftsack mittels einer pneumatischen Vorrichtung (für Notfall: pyrotechnische Kappeinrichtung) ab. Das Seil konnte für einen erneuten Flug aufgetrommelt werden. War der Luftsack nicht zu stark beschädigt, ließ sich auch dieser erneut verwenden.

Als genügend Erfahrungen gewonnen worden waren, flogen die Il-28 für die Fla-Waffen der Schiffe der Volksmarine ebenfalls Zieldarstellung. Außerdem warfen sie Leuchtbomben ab, die zum Training von Fla-Waffen-Bedienungen im scharfen Schuß dienten.

Eine weitere Aufgabe der Il-28-Besatzungen bestand zeitweilig darin, Fallschirme zu erproben. Dazu wurden mit Sand gefüllte Blechpuppen samt Fallschirmen in den Bombenraum gehängt und aus unterschiedlichen Höhen, bei verschiedenen Lagen und Geschwindigkeiten abgeworfen, bevor mit den Schirmen ein Mensch absprang.

Die für alle hier genannten Aufgaben verwendeten Flugzeuge wurden im Originalzustand geflogen. Einen Umbau für die Zieldarstellung gab es nicht. Alle von dieser Staffel verwendeten Modifikationen – Il-28, Il-28R und Il-28U – wurden von den ehemaligen Besatzungen als äußerst zuverlässige, robuste, einfach zu bedienende und zu wartende, sehr sichere und angenehm zu fliegende Maschinen bezeichnet.

Die letzte Il-28 der NVA ist am 20. Oktober 1982 von ihrem Einsatzflugplatz zur Offiziershochschule des LSK/LV für Militärflieger überführt worden, wo sie seitdem an der Traditionsvorstartlinie ausgestellt ist. In der NVA hat die L-39V die Aufgaben der Il-28 übernommen.

Schulflugzeug Il-28U

Für die Ausbildung von Flugzeugführern der mit Il-28 ausgerüsteten Zieldarstellungsstaffel der NVA erhielt diese Einheit im Jahr 1961 das Flugzeug Il-28U (Bordnummer 193). Typisch für dessen Äußeres war der unverglaste Bug mit dem Sitz für den Fluglehrer/Instrukteur hinter normaler Cockpit-Verglasung. Der Flugschüler saß in der Standardkabine auf dem Rumpfrücken. Die beiden druckdichten Kabinen hatten Katapultsitze. Vorn fehlte die Bewaffnung, hinten war sie meistens ausgebaut. Außerdem fehlte bei dieser Version das Bordfunkmeßgerät.

Die Il-28 ist der erste in großen Stückzahlen hergestellte und im Truppendienst umfangreich verwendete Strahlbomber der Welt. Seine eigentliche Entwicklung begann im Frühjahr 1947, als man im Iljuschin-Konstruktionsbüro auf eigene Initiative nach dem Konstruktionsprinzip des Versuchsbombenflugzeuges Il-22, das mit vier Strahltriebwerken TR-1 von A. M. Ljulka versehen war, das Projekt Il-24 in Angriff nahm. Dafür waren zwei Strahltriebwerke TKRD-1 von A. A. Mikulin vorgesehen (je 33 kN Startschub). Da das Triebwerk RD-45 1947 in den Serienbau übernommen wurde, plante man vier Triebwerke dieses Typs für die Il-24 ein. Damit wäre das Flugzeug jedoch etwa 28 t schwer und der Ein-

Kabinen des Schulflugzeuges Il-28U – vorn sitzt der Fluglehrer, hinten in der Normalkabine der Auszubildende

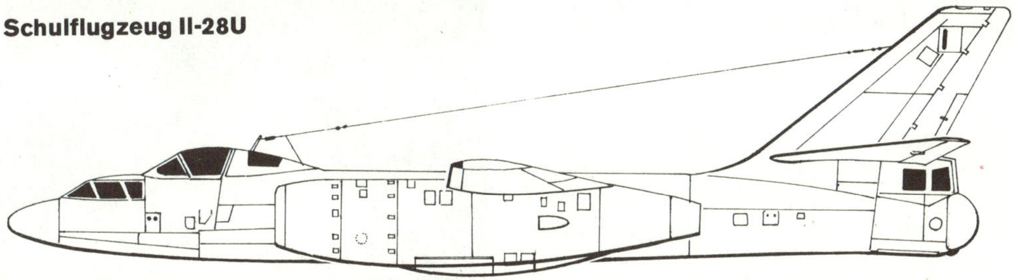

Schulflugzeug Il-28U

satz nur von Betonbahnen aus möglich geworden. Deshalb änderte das Iljuschin-Kollektiv das Projekt mit dem Ziel, einen Frontbomber mit zwei Triebwerken RD-45 zu konstruieren, der die Leistungen der Il-22 und die projektierten Parameter der Il-24 übertraf.

Das endgültige Projekt für die Il-28 war am 12. Januar 1948 fertig. Im Juni desselben Jahres wurde der Typ in das offizielle Erprobungsprogramm aufgenommen, und am 8. Juli 1948 startete W. K. Kokkinaki mit dem Prototyp zum Erstflug (Antrieb: 2 Rolls Royce «Nene»). Am 30. Dezember 1948 begann die Werkerprobung mit den Triebwerken RD-45F, der in der Zeit von Februar bis April 1949 die staatliche Abnahme folgte. Wenig später begann der Serienbau in drei der größten sowjetischen Flugzeugwerke. Das Iljuschin-Büro erhielt die Auflage, den Typ in kurzer Zeit für den Einbau der stärkeren Triebwerke WK-1 zu modifizieren. Dazu wurden neue Gondeln geschaffen. Eine mit WK-1 versehene Il-28 startete am 8. August 1949 zum Erstflug. Bald danach wurden alle Il-28 mit diesem Triebwerk ausgeliefert.

Die Il-28 befand sich in der UdSSR etwa fünfzehn Jahre im Truppendienst. Sie ist in zahlreiche Länder geliefert, in der ČSSR als B-228 geflogen, in China als «Harbin» H-5 in Lizenz produziert worden, wo sie heute noch fliegt.

Als erste Modifikation erschien 1950 die Schul- und Übungsversion Il-28U, die am 18. März 1950 unter Führung von W. K. Kokkinaki ihren Erstflug unternahm. Die Erprobung zeigte, daß sich diese Maschine in ihrem Flugverhalten und in den Flugleistungen nicht wesentlich von der Standardausführung Il-28 unterschied.

In den Abmessungen entsprach die Il-28U völlig der Il-28. Die Führung aus der Fluglehrerkabine, die ebenfalls mit einer Steuerung versehen war, stellte keine Besonderheit dar. Als die Flugerprobung der Il-28U am 30. März 1950 erfolgreich abgeschlossen war, hatte gerade das vom Helden der Sowjetunion Oberstleutnant A. A. Anpilow kommandierte Bombenfliegergeschwader als erster Truppenteil die Il-28 erhalten. Deshalb übergab man diesem Regiment den Prototyp Il-28U. Dadurch war der Truppenteil in der Lage, in kurzer Zeit eine Reihe von Flugzeugführern (jeder mit einer Erfahrung von 350 bis 400 Flugstunden auf U-2 bis Tu-2) in zwei bis vier Trainingsflügen auf die Il-28 umzuschulen und am 1. Mai 1950 im Verbandsflug mit 25 Il-28 der ersten Serie über dem Roten Platz in Moskau zu paradieren.

Die Il-28U wurde zu dieser Zeit in die Serienproduktion übernommen.

Die beiden Il-28R der NVA bei Wartungsarbeiten

Zieldarstellungsflugzeug Il-28R

Eine Il-28R mit ausgebauter Bewaffnung und fehlendem Bordfunkmeßgerät

Mitte der 60er Jahre übernahmen die Luftstreitkräfte der NVA von der zivilen Luftfahrt der DDR zwei Il-28R (Bordnummern 180 und 184). Die Flugzeuge, erkennbar an den Kraftstoffbehältern an den Tragflügelenden und an den etwas größeren Rädern, hatten im VEB Flugzeugwerk Dresden als Versuchsträger für je ein Strahltriebwerk Pirna 014 (unter dem Rumpf) gedient. Dieser Triebwerktyp war für das geplante Strahlverkehrsflugzeug Typ 152 entwickelt worden. Die zivilen Kennzeichen der beiden unbewaffnet und ohne Funkmeßgerät geflogenen Maschinen waren ZZI und ZZK.

Für ihre Aufgaben als fliegende Prüfstände waren beide Flugzeuge von der damaligen Flugzeugindustrie der DDR umgebaut worden. In der Kanzel des Navigators befand sich der Arbeitsplatz des Versuchsingenieurs mit allen erforderlichen Einrichtungen. Den Steuermannsplatz dagegen hatte man in das Heck verlegt, wo in der Standardausführung der Bordschütze saß.

Für die Übernahme der Il-28R in die Zieldarstellungsstaffel stellte man die ursprüngliche Platzverteilung wieder her, rüstete die Maschine militärisch nach beziehungsweise wieder zurück und versah den Bombenraum mit Möglichkeiten zur Aufnahme des Luftsackes und der Schleppvorrichtungen für diesen. Waffen wurden keine eingebaut, ebenso nicht das Funkmeßgerät. Im Rumpf fehlte ein Kraftstoffbehälter, jedoch wurde mit Hilfe der Tragflügelendbehälter die Flugweite gegenüber der Il-28 nicht eingeschränkt.

Wie die zur Zieldarstellung benutzten Il-28 erhielten auch die beiden Il-28R am Rumpf eine kleine Rolle, damit das Schleppseil des Luftsackes nicht an der Zelle scheuern konnte.

Eine Besonderheit der Il-28R, original ausgestattet als Aufklärer mit drei bis fünf Reihenbildgeräten AFA 32/20 und mit zwölf bis achtzehn Leucht- oder Blitzbomben, war der Radantrieb. Mit dem Ausfahren des Fahrwerkes wurden die Räder über einen hydraulischen Antrieb automatisch in Drehung versetzt. Damit sollten eine längere Lebensdauer der Reifen gesichert und der auf 22 720 kg erhöhten Abflugmasse Rechnung getragen werden. Nach Ansicht der Flugzeugführer ließ sich die Il-28R dadurch besonders weich landen. Die Automatik konnte man ausschalten.

Aus Platzgründen gab es in der Il-28R nur auf der rechten Seite eine Kanone NR-23, während der Pilot in der Standardversion zwei NR-23 mit einem Kampfsatz von je 200 Granaten zu bedienen hatte. Im Mittelteil des Rumpfes befand sich bei Flügen über See ein abwerfbares und aufblasbares Rettungsboot LAS-3.

Die erste Il-28R startete am 19. April 1950 unter Leitung von Testpilot W. K. Kokkinaki zum Erstflug. Nach Abschluß der Erprobung

Ende Juni 1950 konnte die Serienproduktion dieser Version beginnen.

Bei allen Versionen der Il-28 handelte es sich um Flugzeuge mit einem Rumpf in Ganzmetallbauweise und kreisförmigem Querschnitt, der in der verglasten Bugspitze (bis auf Il-28U) den Platz für den Navigator aufnahm. Bei Start und Landung saß der Navigator in Flugrichtung angeschnallt auf dem Katapultsitz. Während des Fluges nahm er seinen Platz an den Geräten quer zur Längsrichtung der Maschine mit Blick zur linken Seite ein. Dort befand sich unter anderem die Bombenwurfanlage. Da das OPB-5s mit dem Autopiloten gekoppelt war, konnte der Navigator das Kursmanöver des Flugzeuges ohne Beteiligung des Flugzeugführers ausführen.

Hinter der Flugzeugführerkabine nahm der Rumpf Kraftstoffbehälter sowie die Bomben, danach nochmals Kraftstoffbehälter (insgesamt fünf Behälter aus bei Durchschüssen selbstschließendem Gummi) auf. Im Bombenschacht der Standardversion konnten an Kassettenhaltern mehrere Bomben mit einer Masse von 50 bis 500 kg und an der Balkenhalterung eine Bombe mit einer Masse von 1000 bis 3000 kg befestigt werden. Die maximale Bombenzuladung betrug 3000 kg.

Den Abschluß des Rumpfes bildete der von unten zugängliche Heckstand vom Typ Il-K6, der den Schützen einschließlich der beiden schwenkbaren 23-mm-Kanonen NR-23 mit Zielvorrichtung sowie den Kampfsatz von 450 Granaten aufnahm. Dieser Bordschützenplatz war nicht mit einer Katapultiervorrichtung versehen. Im Notfall mußte sich der Bordschütze aus der Luke fallen lassen. Jedoch war auch dieser Sitz wie die Sitze des Navigators und des Flugzeugführers gepanzert (Gesamtmasse 454 kg).

Das Tragwerk des ungepfeilten Schulterdeckers in Ganzmetall wies negative Pfeilform auf. Das freitragende Leitwerk war ebenfalls aus Ganzmetall. Höhen- und Seitenleitwerk waren gepfeilt. Das zwillingsbereifte Bugrad fuhr in den Rumpf ein, während die Triebwerksgondeln die einfach bereiften Hauptfahrwerksstreben aufnahmen. Zur Ausrüstung der Il-28-Versionen zählten Panorama-Funkmeßstation PSP-N (nur Kampfflugzeuge), UKW-Funkstation, automatischer Funkkompaß, Überfluganzeiger (Markierungsfunkempfänger), Funkhöhenmesser, Freund-Feind-Kennungsgerät. In der Zieldarstellungsstaffel der NVA wurden die Il-28R mit der gleichen Ausrüstung und für die gleichen Aufgaben verwendet wie die Il-28.

Die Il-28R als Erprobungsträger. Das Seitenleitwerk entspricht nicht der damaligen tatsächlichen Bemalung

Schul- und Übungsflugzeug L-29 «Delfin»

Im Jahr 1964 lösten die ersten der 1963 übernommenen Strahltrainer vom Typ L-29 jene vom Typ MiG-15UTI an der Fliegerschule des Kommandos der Luftstreitkräfte/Luftverteidigung ab; wenig später konnten damit auch die Kolbenmotorschulflugzeuge Jak-18 ersetzt werden.

Eine ganze Reihe von Gründen – psychologische, steuertechnische, taktische und nicht zuletzt militärökonomische – hatte die Fachleute etwa um die Mitte der 50er Jahre zu dem Schluß kommen lassen, anstelle der aus Kampfflugzeugen abgeleiteten Typen spezielle Strahltrainer zu entwickeln. So begann in der ČSSR ein Kollektiv unter Leitung von Zdenek Rublič und Karel Tomas mit der Arbeit an dem Projekt L-208, aus dem 1956 der Prototyp XL-29 abgeleitet wurde.

Die erste XL-29 (OK-70) startete am 5. April 1959 zum Erstflug. Sie und auch die dritte XL-29 (OK-14; die zweite hatte Bruchversuchen an der Zelle gedient) flogen noch mit dem britischen Triebwerk Bristol Siddeley «Viper» Mk. 20 (Startschub 7,80 kN), da das eigene Triebwerk M-701 noch nicht verfügbar war. Die im Heckbereich umgebaute Maschine OK-02 (Seriennummer 00031) flog im Juli 1960 bereits mit dem ČSSR-Triebwerk, ebenso der nächste Prototyp (gleichzeitig Vorserienmuster; damit Abschluß der Flugerprobung im Jahr 1961).

Etwa parallel zur L-29 waren in der UdSSR der Strahltrainer Jak-30 und in Polen der Typ TS-11 «Iskra» entwickelt worden. Im Interesse einer einheitlichen Ausrüstung der Luftstreitkräfte der sozialistischen Verteidigungskoalition fand im September 1961 auf dem Flugplatz Monino bei Moskau ein Vergleichsfliegen aller drei Typen statt, das vom Verdienten Testpiloten und Helden der Sowjetunion Oberst J. A. Antipow – langjähriger Versuchsflieger bei MiG – geleitet wurde. Alle Maschinen bewertete man nach vorgegebenen Kriterien, wobei die L-29 das beste Ergebnis erzielte. Beispielsweise zeigte sie die günstigsten Langsamflug- und Landeeigenschaften. Insgesamt entsprach der Typ den Vorstellungen der Fachleute von einem Strahltrainer, der sich für die Anfängerausbildung leicht fliegen ließ, einfach zu warten war und höchste Anforderungen an die Flugsicherheit erfüllte.

Nach geringfügigen Veränderungen begann die Serienfertigung der L-29 für Besteller aus den sozialistischen Ländern (Hauptabnehmer UdSSR) sowie aus anderen Staaten. Bis zum Abschluß der Produktion im Jahr 1974 sind im Werk Aero in Vodochody unweit von Prag etwa 3600 L-29 gefertigt worden, darunter eine geringe Anzahl von Aufklärern L-29R (Werkbezeichnung L-329; die veränderte Ausführung L-129 von 1962 sowie die Kampfflugzeugausführung L-229 blieben Projekte) mit Kameras in der Bugspitze und Unterflügelstationen für Raketen. Ab 21. November 1967 erprobte man die einsitzige Kunstflugversion L-29A (Werkbezeichnung

Strahltrainer L-29 im Paarflug

Schul- und Übungsflugzeug
L-29 «Delfin»

Sitzanordnung der L-29

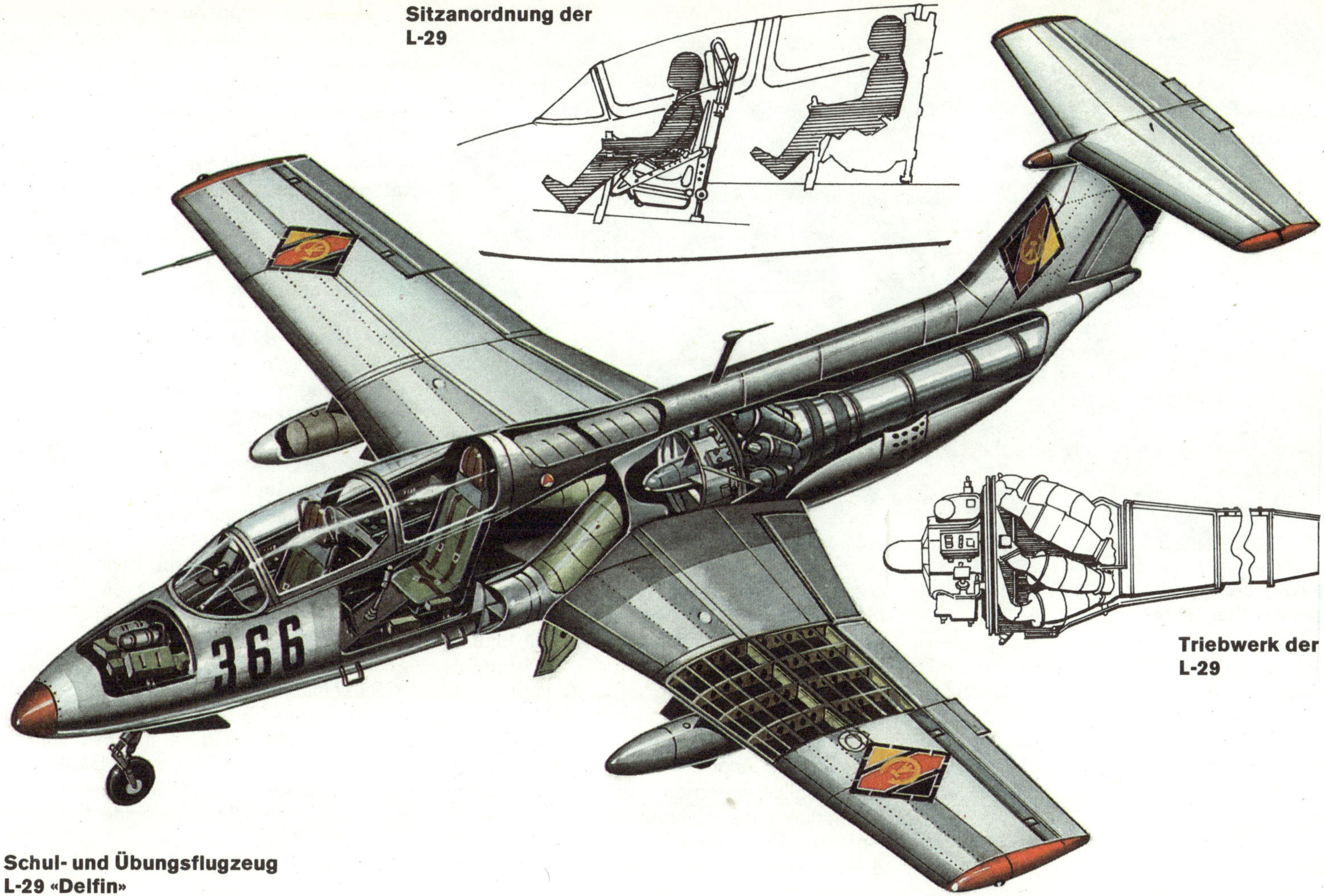

Triebwerk der L-29

Schul- und Übungsflugzeug L-29 «Delfin»

L-29-Besatzung, vorn der Flugschüler, hinten der Fluglehrer

L-429; Umbau des Prototyps 0031, auch als Prototyp 0517 bezeichnet, Kennung OK-SZA), die jedoch nicht in den Serienbau ging.

Für die effektivere Ausbildung mit der L-29 entwickelte die ČSSR den Simulator TL-29, der von der NVA ebenfalls übernommen worden ist.

Der Strahltrainer L-29 «Delfin» ist in der NVA nur an der Offiziershochschule der Luftstreitkräfte/Luftverteidigung verwendet worden. Er diente zur Anfangsschulung (zunächst noch davor Flüge mit der Jak-18, später sofort Beginn mit L-29), zur Festigung der fliegerischen Fertigkeiten, zur Ausbildung im Instrumentenflug am Tage und in der Nacht unter schwierigen meteorologischen Bedingungen, zur Schießausbildung mit dem Foto-MG auf Luft- und Bodenziele, zum Bekämpfen von Bodenzielen mit ungelenkten Raketen und Bomben. Möglich waren das Abfangen von Luftzielen durch ausgebildete Besatzungen unter einfachen Bedingungen (in der ČSSR wurden dazu anstelle der Zusatzbehälter unter den Tragflügeln Container mit je einem MG 42 samt Munition mitgeführt) sowie das Darstellen von Zielen bei Truppenübungen für die eigenen Jagdfliegerkräfte oder für die Truppen der Luftverteidigung.

Die L-29 hatte einen Rumpf in Ganzmetall-Halbschalenbauweise mit kreisförmigem Querschnitt. In der mit Doppelsteuerung versehenen Druckkabine befanden sich vorn der Katapultsitz des Schülers, hinten der des Fluglehrers. In der Mitte waren hinter dem Schwerpunkt zwei Haupttanks installiert, und am Heck gab es beiderseits eine hydraulisch betätigte aerodynamische Bremse. Bei den L-29 der dritten Serie vom Beginn der 70er Jahre hatten diese Bremsflächen kreisförmige Öffnungen.

Das Tragwerk des freitragenden Mitteldeckers bestand ganz aus Metall, und es hatte einen Holm. Bei dem freitragenden Ganzmetall-Leitwerk in T-Form hatten die Seitenflosse und die Höhenflosse je drei Holme, das Seitenruder einen. Das mit Niederdruckreifen, ölpneumatischer Federung und Flatterdämpfern versehene Fahrwerk wurde hydraulisch eingefahren. Alle Streben waren einfach bereift, das Bugrad war nicht steuerbar.

Seit Anfang 1978 wird in der NVA statt der L-29 der Nachfolgetyp L-39 «Albatros» geflogen. Je eine L-29 befindet sich heute in der Sammlung der Offiziershochschule der LSK/LV für Militärflieger in Bautzen, im Armeemuseum der DDR in Dresden und in der GST-Fliegerschule Jahnsdorf im Bezirk Karl-Marx-Stadt.

Jagdflugzeug MiG-15bis

Im Herbst 1956 machten sowjetische Ausbilder leitende Kader des fliegenden und des ingenieurtechnischen Personals der Luftstreitkräfte der NVA theoretisch und praktisch mit dem Jagdflugzeug MiG-15 vertraut, das bereits damals vor allem durch seine Erfolge während der Abwehr der imperialistischen Aggression gegen die KDVR berühmt war. Als in der Folgezeit die MiG-15bis in die Jagdfliegergeschwader eingeführt wurde, schulte das gesamte Personal der Jagdfliegerkräfte schrittweise von kolbenmotorgetriebenen Übungs- und Kampfflugzeugen auf strahlgetriebene Typen um.

Mit der Übernahme des Typs MiG-17 durch die Jagdfliegergeschwader kamen die MiG-15bis nach und nach in den Bestand der Fliegerschule, wo sie bis zur Übernahme der L-29 beziehungsweise der MiG-21 als Übungsflugzeuge (Zeitraum 1964/65) verwendet wurden. Eine MiG-15bis zählt heute zum Ausstellungsbestand der Offiziershochschule der LSK/LV für Militärflieger in Bautzen.

Bei den ersten Strahljagdflugzeugen, die die NVA verwendete, handelte es sich im geringen Umfang um die mit dem Strahltriebwerk RD-45F versehene MiG-15 (interne Werkbezeichnung S, militärische Bezeichnung I-310; Erstflug Prototyp S-01 am 30. Dezember 1947; Beginn der sowjetischen Serienproduktion 1948, in Polen ab 1952 in Lizenz gebaut als Lim-1, in der ČSSR ab 1951 als S-102; in China als F-2 geflogen).

Den größeren Teil bildete die Weiterentwicklung MiG-15bis (Projekt-Code SD, Serienbau ab 1949; in Polen ab 1954 als Lim-2, in der ČSSR ebenfalls ab 1954 als S-103 produziert; in China als J-5 geflogen). Die NVA erhielt MiG-15bis aus der ČSSR-Produktion. Unterschiede zwischen MiG-15bis und MiG-15 bestanden vor allem im stärkeren Triebwerk WK-1A (in der ČSSR als M-06 bezeichnet) mit 26,46 kN Startschub gegenüber 22,25 kN der MiG-15.

Hinzu kamen folgende Veränderungen: statt der Kanone NS-37 mit 250 Schuß/min die N-37 mit 400 Schuß/min, statt der beiden Kanonen NS-23 mit je 550 Schuß/min zwei NR-23 mit je 850 Schuß/min bei gleichzeitiger Masseverringerung der Waffen. Eingebaut wurden ein Funkhöhenmesser RW-2, ein Funkkompaß ARK-5 (wichtige Hilfe für die Funknavigation; zeigte beispielsweise immer die Richtung zum Funkfeuer des eigenen

MiG-15bis mit alten Hoheitsabzeichen im Schlepp

**Jagdflugzeug
MiG-15bis**

Charakteristisch für die MiG-15bis waren die beiden Grenzschichtzäune auf den Tragflügeln sowie die eng anliegenden Kraftstoff-Zusatzbehälter

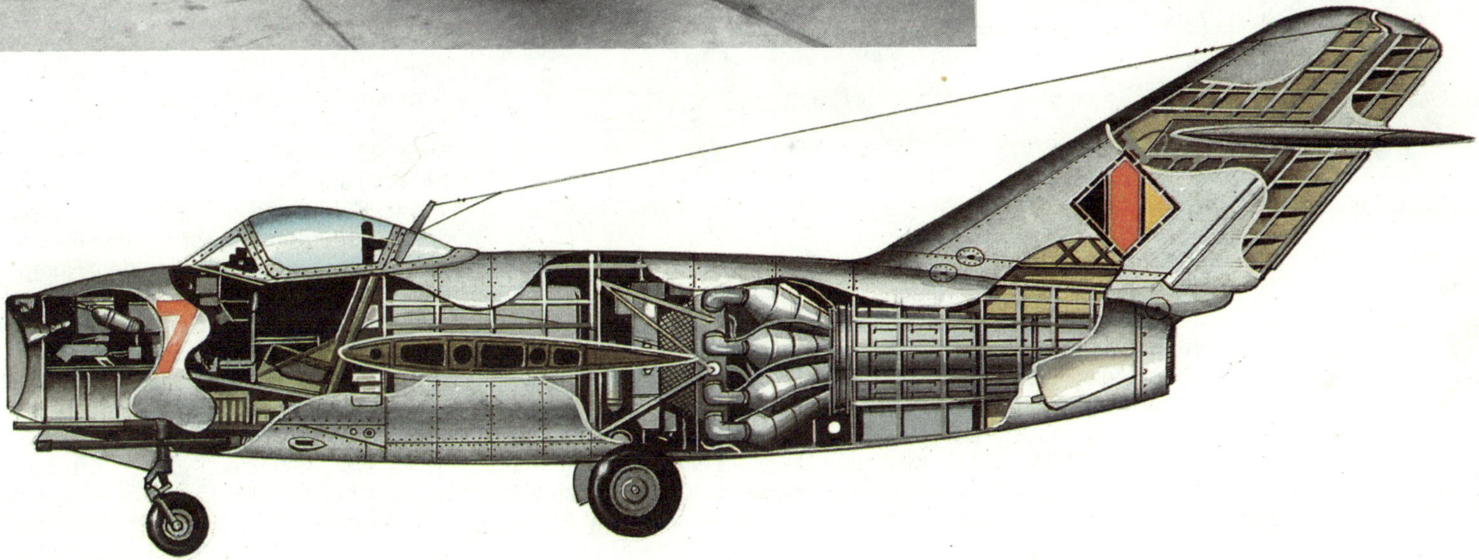

Jagdflugzeug MiG-15bis

Flugschüler vor dem Start mit der MiG-15bis

Flugplatzes), ein Markierungsempfänger MRP-48 (signalisierte im Landeanflug optisch und akustisch den Überflug von Fern- und Nahfunkfeuern), ein Freund-Feind-Kennungsgerät SRO-1 sowie eine verbesserte UKW-Funkstation mit vier vorabgestimmten und in der Luft durch Knopfdruck wählbaren Kanälen.

Äußerlich war die MiG-15bis von der MiG-15 durch die größere Anzahl Antennen sowie durch den Wegfall des Landescheinwerfers oberhalb der Trennlippe im Lufteinlauf zu unterscheiden. Untergebracht wurde der Landescheinwerfer im linken Tragflügel. Er fuhr gemeinsam mit dem Fahrwerk aus. Die Kraftstoffzusatzbehälter der MiG-15bis waren größer als die der MiG-15. In den Flugparametern gab es folgende Steigerungen: Höchstgeschwindigkeit um 22 km/h, Steigleistung um 4 m/s, Gipfelhöhe um 1000 m, Reichweite um 550 km, Leermasse um etwa 300 kg, maximale Startmasse um fast 800 kg.

Konstruktiv gesehen war die MiG-15 ein freitragender Mitteldecker in Ganzmetallbauweise. Der Bug wies eine geteilte Ansaugöffnung auf. Im vorderen Bugteil ragten links etwas versetzt die Mündungen der beiden 23-mm-Kanonen und rechts das Rohr der 37-mm-Kanone aus der Aluminiumbehäutung hervor. Alle drei Waffen waren gemeinsam mit dem Munitionsvorrat (bei MiG-15 und MiG-15bis 2 x 80 Granaten 23 mm, 40 Granaten 37 mm) auf einer Lafette untergebracht. Zum schnellen Nachladen und zur Durchsicht der Waffen ließ sich die Lafette mit Hilfe einer an der rechten Rumpfseite anzusetzenden Handkurbel auf den Boden absenken. Dieses Prinzip war bei den folgenden MiG-Konstruktionen ebenfalls angewendet worden – so bei der MiG-17- und der MiG-23-Reihe.

Statt der beiden Zusatzbehälter zu je 260 l oder zu je 600 l ließen sich an den Außenflügelstationen je eine Bombe (50 kg oder 100 kg) oder je eine Rakete ARS-212 oder TRS-190 (Kaliber 212 beziehungsweise 190 mm) anbringen.

Das Kabinendach über dem Katapultsitz des Flugzeugführers war auf den Rumpf aufgesetzt. Die vordere, fest mit dem Rumpf verbundene Kabinenscheibe war mit dickem Panzerglas versehen; der Sitz war nach hinten durch eine Panzerplatte geschützt. Die Tragflügel der MiG-15 wiesen auf beiden Seiten je zwei Grenzschichtzäune auf. Am Heck befanden sich seitliche Bremsklappen.

Die Oberbekleidung der Flugzeugführer bestand bei der MiG-15 aus Stiefeln, Stiefelhose, Oberhemd, Binder, Lederjacke, gelbem Fliegerschal, Kopfhaube mit Schutzbrille und Sauerstoffmaske.

Schul- und Übungsjagdflugzeug MiG-15UTI

Mit der Übernahme der ersten Strahljagdflugzeuge vom Typ MiG-15 im Jahr 1956 erhielt die NVA auch das doppelsitzige Schul- und Übungsjagdflugzeug MiG-15UTI (UTI – russ. für Schul- und Übungsjagdflugzeug).

Mit dieser Weiterentwicklung der ersten MiG-15-Serienausführung zu einem zweisitzigen Trainer hielten die sowjetischen Konstrukteure an der langjährigen Tradition fest, aus einem Kampfflugzeug ein typengerechtes doppelsitziges Muster abzuleiten, um so die Umschulung und Ausbildung zu erleichtern.

Unter dem Code ST und der militärischen Bezeichnung I-312 T begann 1949 die Erprobung des Prototyps, der noch im selben Jahr als MiG-15UTI in den Serienbau und den Truppendienst gelangte. In Polen ist der Typ als SBLim-1 (mit Triebwerk WK-1A später auch als SBLim-2), in der ČSSR ab 1953 als CS-102 in Lizenz hergestellt worden. China flog die MiG-15UTI als JJ-5. Insgesamt haben über 30 Länder diesen Typ eingeführt und über Jahrzehnte verwendet; in einigen fliegt er noch heute.

In den Luftstreitkräften der NVA diente die aus der ČSSR bezogene MiG-15UTI – kurz als UTI bezeichnet – zunächst in den Jagdfliegergeschwadern zur Umschulung von den Kolbenmotorflugzeugen auf Strahlflugzeuge. Für diesen Zweck wurden MiG-15UTI außerdem an der Fliegerschule bis zur Einführung der L-29 benutzt. Eine bestimmte Anzahl dieser Doppelsitzer verblieb auch noch in den Jagdfliegertruppenteilen, als die MiG-21 bereits geflogen wurde, die MiG-21U aber noch nicht verfügbar war. Man benutzte die MiG-15UTI außerdem für den Wetterflug (er wird vor Beginn jedes Flugdienstes zur Wetteraufklärung im Flugraum unternommen). Darüber hinaus diente sie bis in die 70er Jahre auch als Fortgeschrittenentrainer und für Überprüfungsflüge, die unter anderem nach längeren Flugpausen der Flugzeugführer, nach dem Erreichen einer neuen Ausbildungsetappe (beispielsweise Zulassung zum Fliegen unter schwierigen Wetterbedingungen am Tage sowie zum Nachtflug unter einfachen und unter schwierigen Wetterbedingungen) oder nach dem Erlernen neuer fliegerischer Elemente notwendig sind.

Mit der MiG-15UTI war es möglich, das Abfangen von Luftzielen zu trainieren sowie auf Erd- und Luftziele zu schießen. Dazu stand ein 12,7-mm-MG UBK-E mit einem Kampfsatz von 150 Patronen zur Verfügung (Feuergeschwindigkeit 1000 Schuß/min). Die Ergebnisse der Gefechtsausbildung konnten mit Hilfe der Zielkamera kontrolliert werden, die über der Trennlippe des Lufteinlaufes installiert war.

Die MiG-15UTI wurde auch in den Truppenteilen, die mit der MiG-17 oder mit der MiG-19 ausgerüstet waren, als Trainer verwendet. Das zeugt von der weitgehenden Standardisierung der Reihe MiG-15/-17/-19 und der damit

Eine MiG-15UTI mit Zusatzbehältern der MiG-17

Schul- und Übungsjagdflugzeug
MiG-15UTI

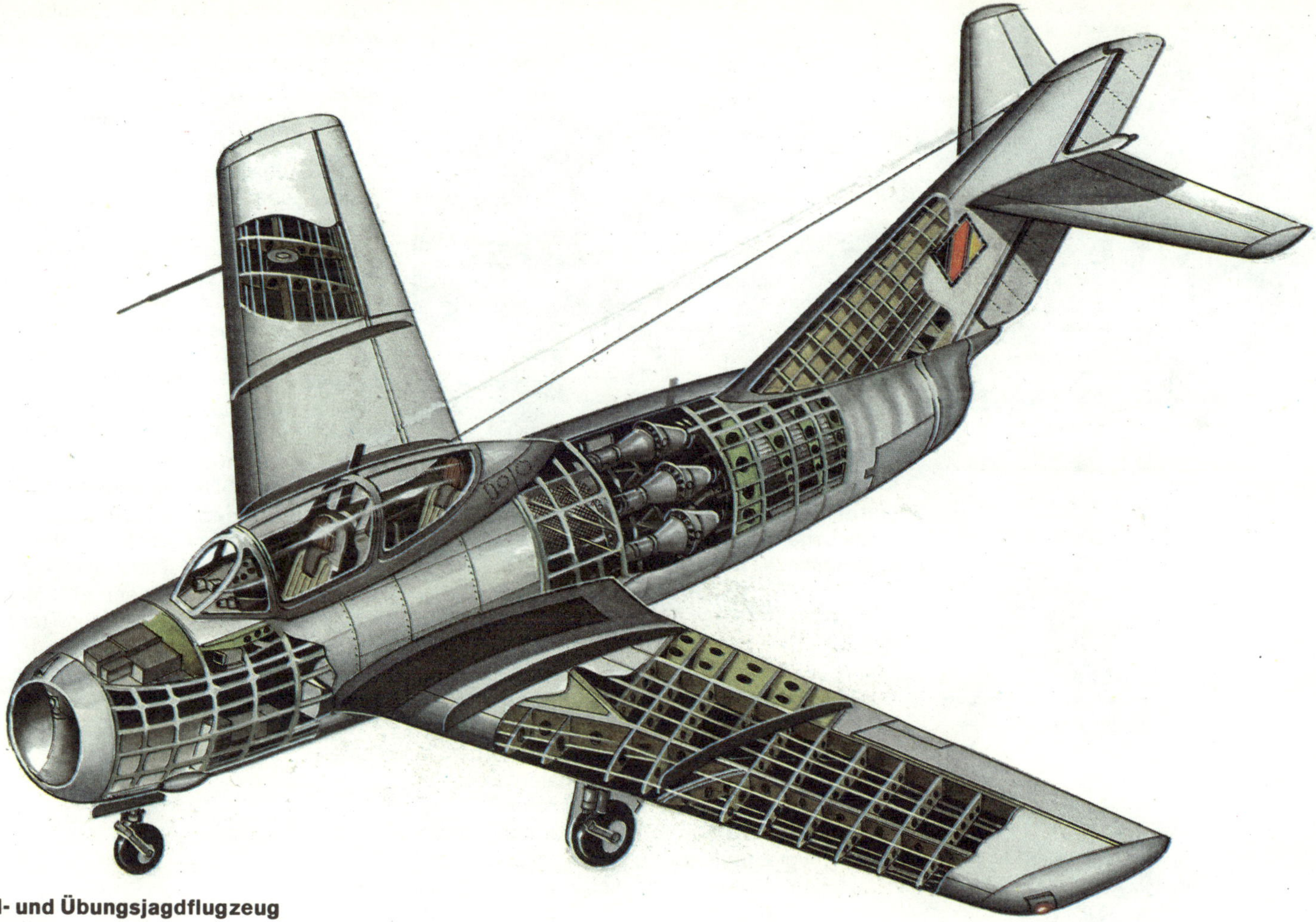

Schul- und Übungsjagdflugzeug
MiG-15UTI

Gut zu erkennen sind an dieser MiG-15UTI die Lage der Bordwaffe sowie die aerodynamische Bremse am Heck

Wartungsarbeiten an der MiG-15UTI

verbundenen Möglichkeit, einen Schulflugzeugtyp sehr ökonomisch einzusetzen. Gelegentlich ist die MiG-15UTI auch als Kurier- und Verbindungsflugzeug benutzt worden. In der Druckkabine saßen normalerweise der Flugschüler oder der zu überprüfende Flugzeugführer auf dem vorderen Katapultsitz und der Fluglehrer beziehungsweise Instrukteur auf dem hinteren. Die vordere Haube der Kabine war nach rechts zu klappen, die hintere rückwärts verschiebbar.

Mußte ein Kurier oder bei besonderen Anlässen ein anderer Nicht-Pilot mitfliegen (zum Beispiel ein dafür zugelassener Steuermann des Gefechtsstandes bei Verlegung auf einen anderen Platz), so nahm dieser den hinteren und der Flugzeugführer den vorderen Platz ein.

Der Aufbau der MiG-15UTI entsprach weitgehend dem der MiG-15. Für die Verständigung der Besatzung untereinander gab es die Bordsprechanlage SPU-2P. Im Gegensatz zur MiG-15 war die Geräteausrüstung dem MiG-15bis-Standard angepaßt. So gab es den Funkhöhenmesser RW-2 und den Funkkompaß ARK-5 ebenso wie den Markierungsfunkempfänger MRP-48P. Als Antrieb diente ein Radial-Turbinenluftstrahltriebwerk RD-45F beziehungsweise RD-45FA mit einem Startschub von 22,25 kN.

Eine MiG-15UTI befindet sich auf dem Appellplatz des Jagdfliegergeschwaders «Hermann Matern» als technisches Denkmal, das an die Anfangsjahre der NVA erinnert. Vorgesehen ist außerdem, eine noch heute verwendete MiG-15UTI in der Traditionsvorstartlinie der Offiziershochschule der LSK/LV für Militärflieger in Bautzen aufzustellen.

Tagjagdflugzeug MiG-17F

Im Juni 1957, noch während die Umschulung des fliegenden Personals der Jagdfliegerkräfte von der Jak-11 auf die MiG-15bis im vollen Gange war, begannen die ersten Flugzeugführer der NVA die Ausbildung am Strahljagdflugzeug MiG-17. Bis zum Jahr 1958 vollzog sich die Ausrüstung der Jagdfliegergeschwader mit Jagdflugzeugen der Versionen MiG-17, MiG-17F und MiG-17PF. Mit dem Abfangjagdflugzeug MiG-17PF wurden die Flugzeugführer in die Lage versetzt, Luftziele unter einfachen und schwierigen Wetterbedingungen am Tage und in der Nacht abzufangen. Außerdem konnten sie mit Kanonen und Bomben die Landstreitkräfte im Bekämpfen von Bodenzielen unterstützen.

In der Hauptsache erhielten die Jagdfliegergeschwader die Version MiG-17F. Einige Maschinen dieses Typs befanden sich aber auch an der Fliegerschule, wo sie vom Stammpersonal zum Aufrechterhalten des Ausbildungsstandes geflogen wurden. Die MiG-17F stellte die Weiterentwicklung der mit einem nachbrennerlosen Triebwerk WK-1A versehenen MiG-17 dar.

Der Prototyp der MiG-17F (Projekt-Code: SF) war im Jahr 1951 mit dem Ziel entwickelt und getestet worden, die Leistungsfähigkeit des robusten und kampfstarken Typs MiG-17 weiter zu steigern. Das geschah vor allem durch den Einbau des mit einem Nachbrenner versehenen Triebwerkes WK-1F (F – russ. für beschleunigt), das ohne Nachbrenner einen Startschub von 26,46 kN abgab, mit eingeschaltetem Nachbrenner 32,12 kN. Benutzt wurde der Nachbrenner vorrangig, um in kürzerer Zeit die befohlene Flughöhe zu erreichen oder um schneller an ein Luftziel zu gelangen.

Beachtet werden mußte bei diesem ersten in großer Serie gebauten sowjetischen Nachbrenner-Strahltriebwerk, daß es nicht unbegrenzt mit Nachverbrennung arbeiten konnte. So durfte bis in eine Flughöhe von 7000 m nur bis zu 3 min und in Höhen über 10 000 m bis zu 10 min mit eingeschaltetem Nachbrenner geflogen werden. Wurde das nicht eingehalten, konnte das Triebwerk überhitzen und in Brand geraten.

Im Jahr 1953 begann in der UdSSR die Serienfertigung der MiG-17F. China baute den Typ als F-4. Polens Flugzeugindustrie nahm im Werk Mielec die Lizenzproduktion der MiG-17F als Lim-5 mit dem Triebwerk Lis-5 (Lizenzausführung des WK-1F) auf, aus der auch die NVA ihre Flugzeuge erhielt.

Auf dem Bug dieser MiG-17F ist die Antenne des Funkentfernungsmessers zu erkennen. Charakteristisch war die Bekleidung der Piloten

Tagjagdflugzeug
MiG-17F

Die MiG-17F. Am Seitenleitwerk vor dem Hoheitsabzeichen die Kassette mit farbigen Signalraketen

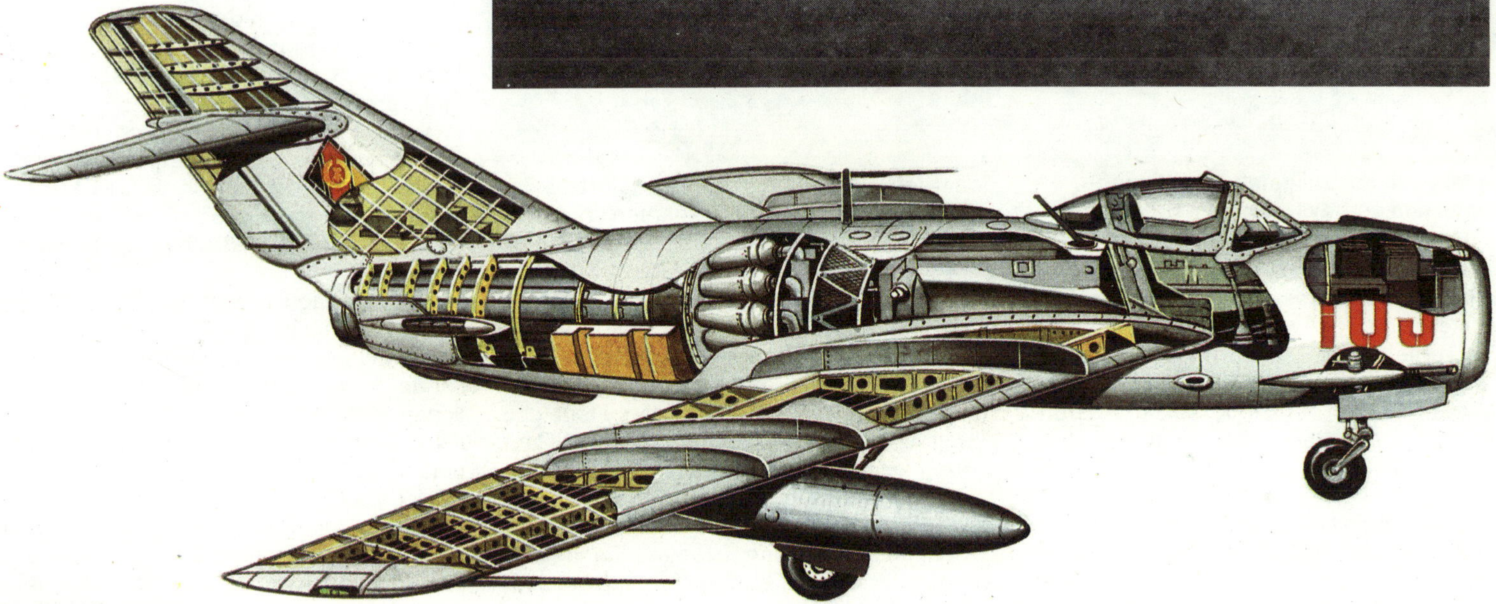

Tagjagdflugzeug
MiG-17F

Eine MiG-17F mit ausgefahrenen Landeklappen und aerodynamischen Bremsen

Die MiG-17F war ein sehr beliebtes, robustes und zuverlässiges Jagdflugzeug. Ab 1962 wurde es in der NVA nach und nach durch die MiG-21 ersetzt, zum Teil zum Jagdbomber umgerüstet und bis in die Mitte der 80er Jahre in dieser Funktion verwendet. Diese Ausführung wird in dem Band «Flugzeuge und Hubschrauber der NVA von 1971 bis zur Gegenwart» beschrieben.

Die MiG-17F entsprach im wesentlichen dem Aufbau der MiG-15/-15bis/-17. Bewaffnet war sie mit einer 37-mm-Kanone N-37D (40 Granaten) und zwei 23-mm-Kanonen NR-23 (je 80 Granaten). Die Waffen konnten einzeln, paarweise oder zu dritt betätigt werden. Statt der beiden 400-l-Kraftstoffzusatzbehälter (im Rumpf: 1410 l) konnten unter den Tragflügeln zwei Bomben bis zu je 250 kg oder vier Luft-Boden-Raketen TRS-190 (Kaliber 190 mm) oder zwei Raketen ARS-212 (212 mm) oder zwei Kassetten mit je 16 ungelenkten 57-mm-Raketen (Luft-Boden) mitgeführt werden. Zur Ausrüstung zählten eine hermetisierbare Kabine mit Katapultsitz und Sauerstoffanlage, Panzerglas vorn und Panzerung am Sitz, Funkkompaß ARK-5, Marker MRP-48P und Funkhöhenmesser RW-2, UKW-Funkstation R-800 mit vier vorabgestimmten Kanälen, Freund-Feind-Kennungsgerät SRO-2, Funkentfernungsmesser SRD-1M für die Waffenanlage und automatisches optisches Visier ASP-3WM, Foto-MG S-13 im Bug und Kontrollkamera für das Visier zur Bewertung der Schießergebnisse sowie eine Kassette EKSR-46 mit vier unterschiedlichen Signalraketen an der rechten unteren Fläche des Seitenleitwerkes. Damit ließen sich bei Ausfall der Funkverbindung beziehungsweise im Zusammenwirken mit anderen Kräften ohne Funkverbindung einige vorher festgelegte Signale übermitteln. Vor dem Angriff von Gegnern, die mit Funkmeßvisieren ausgestattet waren, aus dem hinteren Bereich warnte das im Seitenleitwerk installierte Heckschutzgerät «Syrena-1».

Auf dem zur Rundumsicht sehr gut geeigneten Kabinendach der MiG-17F (das traf für alle MiG-15- und MiG-17-Ausführungen zu) befand sich zum besseren Beobachten des hinteren Bereiches ein Periskop. Es erleichterte das Fliegen im Verband ebenso wie das Erkennen eines sich nähernden Gegners.

Wie die MiG-15, so war die MiG-17F ebenfalls über viele Jahre das Standard-Tagjagdflugzeug der sozialistischen Verteidigungskoalition.

Eine zum Jagdbomber modifizierte MiG-17F in Tarnbemalung ist auf der Freifläche des Armeemuseums der DDR in Dresden zu sehen. Eine weitere MiG-17F in ursprünglichem Aussehen (silberfarben mit roter taktischer Nummer am Bug) steht in der Traditionsvorstartlinie der Offiziershochschule der LSK/LV für Militärflieger in Bautzen. Auch im Armeemuseum der DDR in Potsdam ist eine MiG-17F zu besichtigen. Je eine weitere gibt es in den Jagdfliegergeschwadern «Juri A. Gagarin» und «Heinrich Rau». Eine MiG-17 hat ihren letzten Standplatz an der F 97 etwa 1 km vor Hoyerswerda gefunden.

Allwetter-Abfang-jagdflugzeug MiG-17PF

Mit den Jagdflugzeugen MiG-17 und MiG-17F konnten die Flugzeugführer der NVA am Tage und in der Nacht unter, zwischen und über den Wolken Luftziele abfangen. Es war nicht möglich, Ziele in mondlosen Nächten oder in den Wolken abzufangen – dazu fehlte das Funkmeßgerät.

Erste Erfahrungen mit einem Jagdflugzeug, das serienmäßig mit dem Funkmeßgerät RP-1 «Isumrud» und dem Visier ASP-3N ausgerüstet war, hatten die sowjetischen Konstrukteure mit der 1951 erprobten MiG-17P gesammelt (P – russ. für Abfänger; Codebezeichnung SP-7). Dabei zeigte sich, daß die durch das Funkmeßgerät erhöhte Flugmasse die flugtaktischen Eigenschaften herabsetzte. Deshalb rüstete man die ausgelieferten Maschinen mit dem Nachbrennertriebwerk WK-1F nach und baute die nächsten Serien nach diesem Prinzip als MiG-17PF (Codebezeichnung SP-7F; Bezeichnung in der ČSSR S-104; in Polen Lizenzproduktion als Lim-5P; Lieferung an die NVA aus polnischer Fertigung).

Mit dem Funkmeßvisier RP-5 konnten Luftziele in einem Entfernungsbereich von 2000 m bis 12 000 m aufgefaßt werden. Die im Übersichtsbetrieb arbeitende Antenne war oberhalb des Lufteinlaufes untergebracht.

Rechts im Bug befindet sich die Schußkamera zur Kontrolle der Schießergebnisse

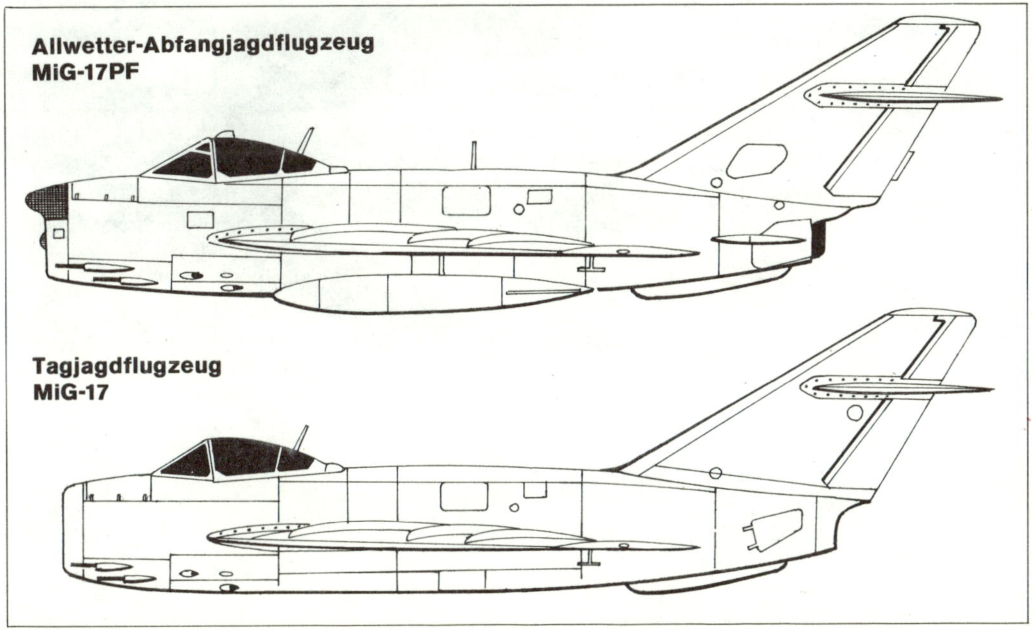

458

Die Antenne für den Zielbetrieb war direkt im Lufteinlauf angeordnet (Bereich ab 2000 m, in dem das Luftziel bekämpft werden konnte; Umschaltung von Übersichts- auf Zielbetrieb erfolgte automatisch). Um Masse zu sparen, hatte man statt der 37-mm-Kanone N-37D eine dritte 23-mm-Kanone NR-23 (je Kanone 80 Granaten) eingebaut.

MiG-17PF im Überflug

Bug einer MiG-17PF mit den drei 23-mm-Kanonen

In der Verdickung auf der Haube sind die Schußkamera für das Visier und der Spiegel zum Beobachten des hinteren Luftraumes angeordnet

Die sonstige Ausrüstung der MiG-17PF entsprach jener der MiG-17F. Bis auf die doppelte Pfeilung der Tragflügel bei der MiG-17-Reihe (MiG-15 einfach gepfeilt; außerdem bei MiG-17 drei Grenzschichtzäune je Tragflügel, bei MiG-15 nur zwei) gab es in der Konstruktion von MiG-15 und MiG-17 einen prinzipiell gleichen Aufbau: Der Rumpf war in Ganzmetall-Halbschalenbauweise mit Spanten, Holmen und Pfetten (Stringern) sowie angenieteter Beplankung aus Duraluminium gefertigt. Im Bug befand sich der geteilte Lufteinlauf, die Haube über der Druckkabine mit dem Katapultsitz ließ sich nach hinten schieben, am Heck waren die Bremsklappen installiert. Die Flügel der freitragenden Mitteldecker waren pfeilförmig, zweiteilig, zweiholmig und mit hydraulisch betätigten Landeklappen versehen. Das gepfeilte Ganzmetalleitwerk hatte ein nach oben versetztes Höhenleitwerk. Das Bugrad fuhr in den Rumpf ein, die Haupträder in die Tragflügel. Neben der hydraulischen gab es zum Ausfahren eine Notbetätigung mit Druckluft.

Im Armeemuseum der DDR in Dresden und an der Traditionsvorstartlinie in Bautzen stehen je eine MiG-17PF auf der Freifläche.

Tagjagdflugzeug MiG-17

In geringerer Anzahl als die MiG-17F erhielten die Jagdfliegerkräfte der NVA in den Jahren 1957/58 aus sowjetischer Produktion Tagjagdflugzeuge der Version MiG-17. Im Fliegerjargon wurde sie als die «glatte» MiG-17 oder MiG-17-glatt bezeichnet. Die Ursachen waren zum einen der fehlende Zusatzbuchstabe (im Gegensatz zu MiG-17F und -PF), zum anderen die fehlenden Schubdüsensegmente der Nachbrennerkammer am Heck, die bei den beiden anderen Versionen deutlich zu erkennen waren, weil sie aus dem Schubrohr herausragten.

Bei der MiG-17 handelte es sich um die erste Serienversion dieses Flugzeugtyps als Weiterentwicklung der MiG-15bis von 1950. Da Versuche ergeben hatten, daß sich mit dem Tragflügel der MiG-15 keine Geschwindigkeitserhöhung erreichen ließ, vergrößerten die MiG-Konstrukteure die Tragflügelpfeilung und gaben dem Tragflügel ein dünneres Profil.

Die neue Entwicklung erhielt die Bezeichnung SI beziehungsweise I-330. Der erste Prototyp SI-01, mit um 10° stärker gepfeiltem Tragflügel, flog erstmals am 1. Februar 1950, der zweite (SI-02 oder als MiG-15bis45° bezeichnet) folgte wenig später. Die am 20. Juni 1951 abgeschlossene Erprobung bewies die höhere Leistungsfähigkeit des neuen Typs gegenüber dem Vorläufer. Außerdem war es gelungen, einige unangenehme Eigenschaften der MiG-15 zu beseitigen (zum Beispiel leichter Übergang ins Trudeln, Schütteln bei hoher Geschwindigkeit). Wie die MiG-15bis war auch die MiG-17 mit dem nachbrennerlosen Triebwerk WK-1A ausgerüstet. Ein solches Strahltriebwerk ist im Armeemuseum der DDR in Dresden im Original zu sehen (auf einer Seite geschnitten, auf der anderen komplett). Die Serienfertigung der MiG-17 begann in der UdSSR im Jahr 1951.

MiG-17 beim Auftanken. Zu erkennen ist sie an den fehlenden Nachbrennersegmenten sowie an der sehr schmalen aerodynamischen Bremse

In der NVA ist die MiG-17 vor allem in den Jagdfliegerstaffeln geflogen worden, deren Flugzeugführer von der Fliegerschule zuversetzt worden waren und sich noch qualifizieren mußten, um unter allen Wetterbedingungen Gefechtsaufgaben erfüllen zu können. Bis zur Einführung der L-29 ist auch an der Fliegerschule des Kommandos der LSK/LV eine Anzahl MiG-17 von Fluglehrern (Erhalt des Gefechtswertes) und von Flugschülern (Training) geflogen worden.

Eine intern in der NVA als MiG-17H bezeichnete Ausführung hatte einen Hydraulikverstärker in der Steuerung für Flüge in großen Höhen sowie größere aerodynamische Bremsen am Heck. Damit ließen sich vor allem in großen Höhen Kunstflugmanöver besser ausführen.

Überschall-Tagjagdflugzeug MiG-19S

Im August 1959 erhielt das heutige Jagdfliegergeschwader «Wladimir Komarow» mit der MiG-19 das erste Überschall-Jagdflugzeug der NVA in den Versionen MiG-19S und MiG-19PM aus der UdSSR. Mit der MiG-19S, einer der am weitesten verbreiteten MiG-19-Versionen, konnten Luftziele am Tage und in der Nacht unter, über und zwischen, nicht aber in den Wolken abgefangen werden. Außerdem war das Flugzeug dafür geeignet, die Handlungen der Landstreitkräfte durch das Bekämpfen von Bodenzielen zu unterstützen.

Ende der 40er Jahre war im Konstruktionsbüro Mikojan/Gurjewitsch begonnen worden, für diese Aufgabe ein Überschallflugzeug zu entwickeln. Nach den notwendigen Vorarbeiten war man zu Beginn der 50er Jahre soweit, unter den Code-Bezeichnungen M und SM verschiedene Versuchsausführungen zu konstruieren und im Test die günstigste Lösung für den Serienbau zu finden.

Am 16. Mai 1951 flog erstmals die auf der MiG-17 basierende I-350 (M), versehen mit einem Triebwerk TR-5A. Es folgten die I-360 (SM) am 27. Mai 1952 mit zwei Triebwerken AM-5 und im Jahr darauf die I-370 (SM-1) mit dem Nachbrennertriebwerk WK-5F.

Die nicht unproblematische Erprobung der Flugzeuge mit den um 55° gepfeilten Tragflügeln wies die I-360 als die geeignetste Version aus für das geplante Serienflugzeug MiG-19, dessen eigentlicher Prototyp SM-9 am 5. Januar 1954 zum Erstflug startete. Noch im selben Jahr erhielten die sowjetischen Jagdfliegerstaffeln der Luftverteidigung die ersten MiG-19 mit zwei Axialverdichter-Strahltriebwerken AM-5F, einem konventionellen Höhenleitwerk, einer 37-mm-Kanone N-37D sowie zwei 23-mm-Kanonen NR-23.

Nach den Erfahrungen mit dieser in geringer Anzahl gefertigten Version verließ die verbesserte MiG-19S die Werkhallen. Eine äußerliche Veränderung zur MiG-19 war vor allem der Gestängetunnel der MiG-19S an der Rumpfoberseite zwischen Kabine und Seitenleitwerk. Nur sehr schwer zu erkennen war auf Fotos ein anderer Unterschied: Die MiG-19S (danach auch alle späteren Serienversionen) war mit einem ruderlosen Höhenleitwerk versehen. Anders ausgedrückt: Die gesamte Fläche war beweglich, nicht mehr in festes Höhenruder und bewegliche Höhenflosse unterteilt, aus diesem Grunde auch als Pendelruder bezeichnet (russ.: Stabilisator; deshalb MiG-19S). Damit ergaben sich eine größere Wirksamkeit des Höhenruders und bessere Manövriereigenschaften.

Während die ersten MiG-19S-Serien noch die Triebwerke RD-9 besaßen, waren die an die NVA gelieferten bereits mit den RD-9B versehen.

Bewaffnet war die MiG-19S mit drei Kanonen NR-30 (Kaliber 30 mm, Feuergeschwindigkeit 900 Schuß/min, je 70 Granaten). Unter den Tragflügeln konnten je Seite ein

MiG-19S startklar zum Nachtflug

Überschall-Tagjagdflugzeug
MiG-19S

Überschall-Tagjagdflugzeug MiG-19S

760-l-Kraftstoffzusatzbehälter sowie eine Kassette ORO-57K mit acht ungelenkten 57-mm-Raketen S-5 oder eine Bombe zu 50 bis 250 kg mitgeführt werden. Erstmals hatte mit dieser Version ein sowjetisches Serienjagdflugzeug einen Bremsschirm erhalten.

Aufmunitionieren der NR-30 im Bug der MiG-19S. Gut zu erkennen ist die Mündungsbremse der rechten Tragflügelwaffe

Unter der Kombi trug der Flugzeugführer den Überdruckanzug

Der freitragende einsitzige Ganzmetall-Mitteldecker ähnelte in vielem seinen Vorgängern. Auch die MiG-19S war in Schalenbauweise gefertigt und hatte einen zentralen Lufteinlauf. Die beiden aerodynamischen Bremsen rechts und links am Rumpf vor dem Leitwerk sowie eine weitere Bremsfläche unter dem Heck waren insgesamt 1,5 m² groß. Die Effektivität der Querruder wurde von einem großen Grenzschichtzaun je Tragflügel verstärkt. Das Pendelruder wurde über eine Automatik gesteuert. Doppelt ausgelegte Steuerungsanlagen mit Hydraulikverstärker, neuer Katapultsitz in der Druckkabine, UKW-Funkstation R-801 mit vorabgestimmten Kanälen, Blindflugausrüstung (Funkkompaß ARK-5, Marker MRP-48P, Funkhöhenmesser RW-2), Freund-Feind-Kennungsanlage SRO-2, Heckschutzwarngerät «Syrena-2», automatisches optisches Visier ASP-5n-W3, gekoppelt mit Funkentfernungsmesser SRD oder SRD-1M, zählten zur Ausrüstung der MiG-19S.

In der ČSSR ist diese Version als S-105 in Lizenz gebaut worden, in China als «Shenjang» F-6.

In der NVA ist die MiG-19S im Verlauf der 70er Jahre von der MiG-21 abgelöst worden.

Allwetter-Abfangjagdflugzeug MiG-19PM

Neben der MiG-19S erhielten die Jagdfliegerkräfte der NVA im August 1959 auch die MiG-19PM (PM – russ. für Abfänger, modifiziert). Bei dieser Version handelte es sich nach der MiG-19P und der MiG-19PF um die dritte Ausführung der MiG-19 als Allwetter-Überschalljagdflugzeug. Gedacht war sie zum Abfangen von schnellen Luftzielen am Tage und in der Nacht in den Wolken. Dazu war sie mit einem Funkmeßgerät RP-2U ausgerüstet. Dessen Antenne war oberhalb des Lufteinlaufes untergebracht und arbeitete im Übersichtsbetrieb, während die in der Trennlippe des Lufteinlaufes installierte Antenne für den Zielbetrieb diente (Leitung der Raketen auf das Ziel, automatische Umschaltung der Regime). Außerdem war das optische automatische Visier ASP-5n vorhanden.

Während die MiG-19P mit zwei 30-mm-Kanonen und die MiG-19PF mit Kanonen und Raketen bestückt waren, bestand die Bewaffnung der MiG-19PM aus vier funkmeßgelenkten Raketen RS-2U (K-5), die an großen Trägern unter den Tragflügeln mitgeführt wurden. Bei der MiG-19PM fehlten der Funkentfernungsmesser SRD und das Heckschutzwarngerät «Syrena-2». Sonst entsprach die Ausrüstung weitgehend der MiG-19S. Zur Kontrolle der Schießergebnisse dienten die Zielkamera AKS-3M beziehungsweise AKS-5 im Bug sowie das Foto-MG SSch-45 über dem Visier.

MiG-19PM ohne Raketen

Der Bremsschirm wurde am Boden gefahren

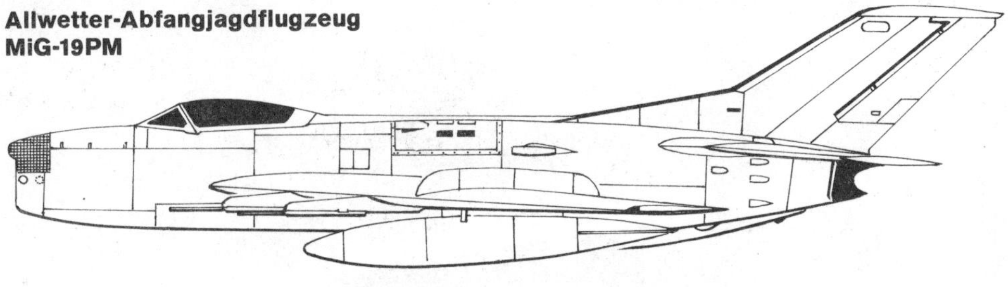

Allwetter-Abfangjagdflugzeug MiG-19PM

Wie bei der MiG-19S, so war auch bei der MiG-19PM der Flugzeugführer geschützt – nach vorn durch 64 mm starkes, kugelsicheres Panzerglas und 10 mm starkes Stahlblech, nach hinten durch einen 16 und 25 mm starken Panzer.

Typisch für die MiG-19PM waren wie für die MiG-19S der Rumpf in Ganzmetall-Schalenbauweise mit kreisförmigem Querschnitt, mit Luftbremsen unter dem Rumpf und am Heck, zentralem Lufteinlauf und Bremsschirm. Die freitragenden, stark gepfeilten Flügel des Mitteldeckers hatten je Seite einen großen Grenzschichtzaun sowie Fowler-Auftriebsklappen. Das Höhenruder des stark gepfeilten Leitwerkes war ungeteilt; unter dem Heck befand sich eine als Kiel geformte Stabilisierungsfläche. Das Bugrad fuhr in den Rumpf ein, die Hauptfahrwerksstreben hatten ihren Platz in den Tragflügeln.

Alle MiG-19S und -PM der NVA waren silberfarben. Sie hatten am Bug eine dreistellige taktische Nummer.

Eine MiG-19PM zählt heute zur Sammlung der Offiziershochschule der LSK/LV für Militärflieger in Bautzen. Die Tarnbemalung hat diese Maschine nachträglich erhalten.

Wartungs- und Betankungsarbeiten an einer MiG-19PM

Die letzte MiG-19 der NVA – eine MiG-19PM – steht in Bautzen

Jagdflugzeug MiG-21F-13

In der Mitte des Jahres 1962 erhielt das heutige Jagdfliegergeschwader «Hermann Matern» als erster Truppenteil der NVA die MiG-21. Der erste Start einer MiG-21F-13 mit DDR-Hoheitsabzeichen und einem NVA-Piloten erfolgte am 20. Juni 1962 in diesem Geschwader, der erste Flug eines DDR-Piloten mit einer MiG-21F in der UdSSR zuvor am 11. April 1962.

Zu jener Zeit war über die Entwicklung dieses bereits damals berühmten Jagdflugzeuges recht wenig bekannt. Die Serienproduktion der MiG-19 war noch nicht voll angelaufen, als schon im Konstruktionsbüro MiG in Zusammenarbeit mit Wissenschaftlern des ZAGI das Projekt E Gestalt annahm, wonach die sowjetischen Luftstreitkräfte ein Jagdflugzeug mit doppelter Schallgeschwindigkeit erhalten sollten. Dafür waren viele Fragen zu klären. Beispielsweise, ob es ein Pfeil- oder ein Deltaflügler werden sollte, wo das Fahrwerk bei dünnem Tragflügel unterzubringen und wie der veränderliche Luftdurchsatz zu regeln waren (den das Triebwerk in den unterschiedlichen Höhen- und Geschwindigkeitsbereichen benötigt), ob ein reines Strahltriebwerk oder ein zusätzlicher Raketenantrieb verwendet wird.

Diese und viele andere Probleme wurden theoretisch, in vielen Windkanaluntersuchungen, aber auch mit einer ganzen Reihe von Versuchsflugzeugen geklärt, die hier nicht alle genannt werden können.

Eröffnet wurde die Reihe am 14. Februar 1954 mit dem Start von Testpilot G. Mossolow in dem leichten Pfeilflügler E-2. Am 6. Juli 1955 flog G. Sedow erstmals mit dem Deltaflügler E-4. Beide Versuchsflugzeuge hatten das Triebwerk RD-9, das sich jedoch als zu schwach erwies. Nach einer Reihe von Versuchen mit zusätzlichen Raketenantrieben erprobte man die E-5, die mit dem leichteren und leistungsstärkeren Tumanski-Strahltriebwerk R-11 (zunächst als AM-11 bezeichnet) versehen war. Nach weiteren Testflugzeugen folgte mit der E-6 von 1958 der eigentliche Prototyp für die erste Serienausführung MiG-21F (intern «Flugzeug 72»), aus der dann verschiedene Modifikationen abgeleitet wurden. Eine davon war die MiG-21F-13 (intern «Flugzeug 74»), die als erste MiG-21-Ausführung zur NVA kam.

Im Serienbau des «Flugzeuges 74» hatte es ab Baunummer 0815 eine gravierende Veränderung gegeben. Die MiG-21F-13 der NVA waren Flugzeuge nach der Nummer 0815. Der Prototyp dafür hieß E-6T. Im Unterschied zur MiG-21F (E-6), die mit zwei Kanonen NR-30 bewaffnet war, hatte die MiG-21F-13 (E-6T) nur eine, an der rechten Seite des Rumpfes untergebrachte 30-mm-Kanone NR-30 mit einem Kampfsatz von 60 Granaten, der sich unmittelbar an der Waffe befand.

Während einige Serien der MiG-21F keine Außenlastträger unter den Tragflügeln hatten, waren sie bei anderen zur Mitnahme von je einer Bombe bis zu 500 kg oder je eines Be-

Eine MiG-21F-13 ohne Zusatzbehälter und Raketen

Jagdflugzeug MiG-21F-13

MiG-21F-13

Jagdflugzeug
MiG-21F-13

Das schmale Seitenleitwerk war ein Kennzeichen der ersten MiG-21-Generation

hälters UB-16-57U für 16 ungelenkte 57-mm-Raketen S-5 vorhanden. Diese Bewaffnung konnte zum Bekämpfen von Erdzielen auch von der MiG-21F-13 mitgeführt werden. Außerdem war je Aufhängung die Mitnahme einer großkalibrigen, ungelenkten Rakete S-24 möglich. Neu war, daß jeder Träger eine selbstzielsuchende Luft-Luft-Rakete K-13 (Infrarot-Suchkopf) aufnehmen konnte. Damit war die MiG-21F-13 zum Abfangen und Bekämpfen von Luftzielen unter, zwischen oder über den Wolken am Tage und in hellen Nächten verwendbar.

Ausgerüstet war die MiG-21F-13 mit dem automatischen optischen Visier ASP-5ND, das mit dem Funkentfernungsmesser SRD-5M gekoppelt war. Zum Abfangen in der Nacht ließ sich zusätzlich ein Infrarot-Visier anbauen. Da jedes Flugzeug mit der Serienendnummer 5 mit einer Fotoapparatur AFA-39m ausgerüstet war, ließ sich die MiG-21-F13 auch als Aufklärer verwenden. Für diese Zwecke dienten einige MiG-21F-13 in der NVA bis zur Mitte der 80er Jahre. Die dafür notwendigen Veränderungen sind in der DDR vorgenommen worden. Die MiG-21F-13 wurden von zwei sowjetischen Flugzeugwerken geliefert. Äußerlich waren an den Maschinen keine Unterschiede zu erkennen. Auch sonst gab es keine Abwandlungen. Lediglich in der technischen Dokumentation gab es die Bezeichnungen Variante 1, 2 und 3.

Nachdem der Typ in den Jagdfliegergeschwadern der NVA durch modernere Modifikationen ersetzt worden war, benutzte man ihn bis zum Ende der 70er Jahre an der Fliegerschule als Übungsflugzeug für die künftigen Jagdflieger. Inzwischen wird die MiG-21F-13 in der NVA nicht mehr geflogen.

Konstruktiv gesehen war die mit einem Bugradfahrwerk (Bugrad 500 mm x 180 mm; Haupträder 660 mm x 200 mm) ausgestattete MiG-21F-13 ein Deltaflügel-Mitteldecker mit separatem Höhenleitwerk, zentralem Lufteinlauf mit kegelförmigem Konus. Durch Verändern des Querschnittes (hydraulische Steuerung, automatisch in Abhängigkeit von der Mach-Zahl in drei Stufen betätigt, bei Ausfall der Automatik von Hand auf 1,5 und 1,8 M zu fahren) wurde der Luftdurchsatz zum Triebwerk R-11F-300 (auch als 37F bezeichnet) geregelt. Der Startschub des Triebwerkes betrug ohne Nachverbrennung 38,25 kN und mit eingeschaltetem Nachbrenner 53,39 kN.

Ohne den 490-l-Zusatzbehälter unter dem Rumpf waren 2280 l Kraftstoff verfügbar. Im Inneren gab es sechs Rumpf- und zwei Tragflügeltanks. Zur Ausrüstung zählten der Autopilot KAP-2K, der Funkkompaß ARK-10, der Funkhöhenmesser RM-UM für den Bereich 0 bis 1200 m, die Mehrkanal-UKW-Station R-802W, der Funkbakensignalisator (auch als Marker bezeichnet) MRP-56P, das Freund-Feind-Kennungsgerät, das Gerät SOD-57M (seine Aufgabe bestand darin, die Ortungsmöglichkeiten der Bodenfunkmeßstation zu vergrößern, da die MiG-21 eine relativ geringe Reflexionsfläche aufwies; die auf dem Flugzeug auftreffende elektromagnetische Energie des Bodenfunkmeßgerätes wurde verstärkt zurückgesendet) und das Heckschutzgerät «Syrena-2».

In der ČSSR wurde die MiG-21F-13 von 1962 bis 1966 als MiG-21F in Lizenz produziert (etwa 200 Flugzeuge; im rückwärtigen Kabinenteil unverglast), in China ab 1964 als J-7.

Die MiG-21F-13 ist im Armeemuseum der DDR in Dresden ausgestellt und gehört zur Sammlung der Offiziershochschule der LSK/LV für Militärflieger in Bautzen. Eine weitere MiG-21F-13 steht in Morgenröthe-Rautenkranz, dem Geburtsort von Generalmajor Dr. Sigmund Jähn.

Allwetter-Abfang-jagdflugzeug MiG-21PFM

Ab 1964 wurde den Jagdfliegerkräften der DDR mit der MiG-21PFM («Flugzeug 76») eine neue Ausführung dieses Jagdflugzeuges zugeführt, von dem in den folgenden Jahren noch mehrere Modifikationen erschienen. Die ersten von der NVA übernommenen Flugzeuge dieser Version wurden noch als MiG-21PF bezeichnet (Erstflug eines DDR-Piloten mit dieser Version in der UdSSR am 17. August 1964, in der NVA im heutigen Jagdfliegergeschwader «Hermann Matern» am 10. Dezember 1964).

Da die folgenden Flugzeuge geringfügige, äußerlich nicht sichtbare Veränderungen in der Funkmeßausrüstung (Schutz des Funkmeßvisiers gegen Reflexionen des Erdhintergrundes bei Flügen in geringen Höhen) und in der Elektroausrüstung aufwiesen, nannte man in der NVA später alle Flugzeuge dieser Version MiG-21PFM. Erstmals wurde diese MiG-21-Weiterentwicklung zur Luftparade 1961 in Tuschino öffentlich vorgeführt – als Prototyp E-7. Der Serienbau des Flugzeuges, das mit einem Funkmeßvisier «Saphir» RP-21 im Lufteinlaufkegel versehen war, begann 1962. Der Einbau des Funkmeßvisiers ermöglicht, die MiG-21PFM (in der sowjetischen sowie in anderer Fachliteratur gelegentlich als MiG-21PF bezeichnet) als Abfangjagdflugzeug bei jedem Wetter und zu jeder Tageszeit auch in den Wolken zu verwenden.

Äußerlich weist die MiG-21PFM im Ver-

MiG-21PFM – zu erkennen am Seitenleitwerk, an der Kabine, am Staurohr über dem Rumpf sowie am Funkmeßgerät im Rumpf

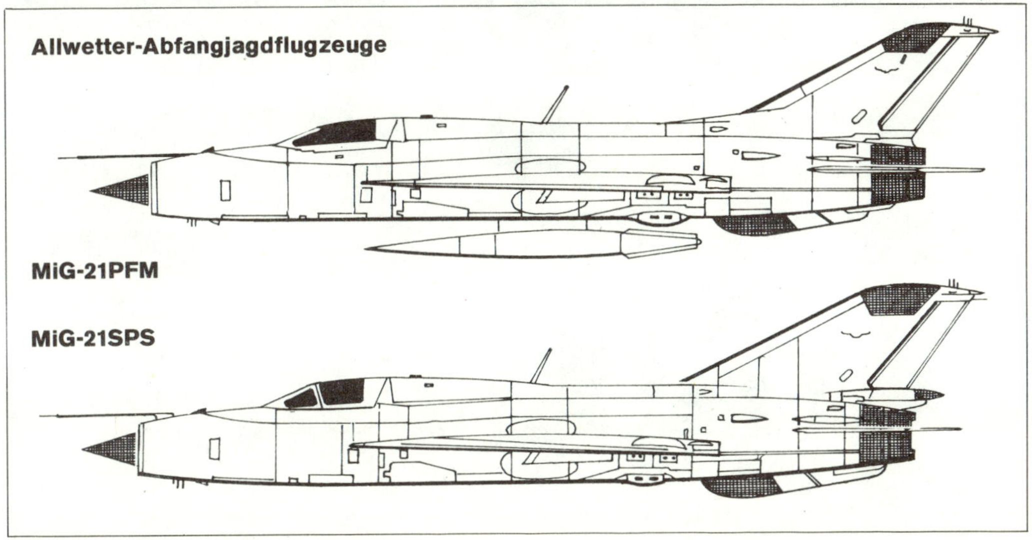

gleich zur MiG-21F-13 einige Veränderungen auf: Das Staurohr ist von unten über den Rumpfbug verlegt worden, der Rumpf selbst hat größere Ausmaße (Durchmesser MiG-21F-13: 69 cm, MiG-21PFM: 91 cm), die Kanone NR-30 fehlt. Der Kegel im Lufteinlauf des Flugzeuges fährt stufenlos; womit dem Triebwerk automatisch, je nach Flughöhe und -geschwindigkeit sowie Triebwerksleistung, entsprechend den Druckverhältnissen die optimale Luftmenge zugeführt wird.

Somit war eine höhere Schubleistung möglich geworden. Das Prinzip des automatisch stufenlos fahrenden Kegels wurde bei allen weiteren MiG-21-Versionen beibehalten. Neben der Antenne sind im Kegel noch weitere Teile des Funkmeßvisiers untergebracht.

Die Kabine geht hinten nicht unmittelbar in den Gestängetunnel zum Leitwerk über, sondern hinter der Kabine gibt es eine Verdickung, unter der sich ein neuer Kraftstoffbehälter (170 l) befindet. Die MiG-21PFM nimmt in sechs Rumpfbehältern 2020 l, im Tank hinter der Kabine 170 l, in vier Tragflügeltanks (je Seite zwei) 560 l und im Zusatzbehälter 490 l – insgesamt 3240 l – Kraftstoff auf. Bei entsprechender Nachrüstung kann unter dem Rumpf ein 800-l-Behälter mitgeführt werden. Die Haupträder KT-92 sind etwas vergrößert worden (800 mm x 200 mm).

Alle übrigen Elemente entsprechen äußerlich weitgehend analogen Baugruppen oder

Im Vordergrund eine MiG-21PFM

Eine der ersten MiG-21F-13-Nachfolger – damals noch als MiG-21PF bezeichnet

Teilen der MiG-21F-13: Deltaflügel mit einem kleinen Grenzschichtzaun je Seite und mit je einer Aufhängung für eine Luft-Luft-Lenkrakete (infrarot-selbstgelenkte K-13 oder funkmeßgelenkte K-5) oder eine Bombe bis 500 kg oder einen Raketenbehälter UB-16 oder eine großkalibrige Luft-Boden-Rakete S-24; schmales, doppelt abgestuftes Seitenleitwerk mit Pendelruder: Stabilisierungsfläche unter dem Heck und Bremsschirmbehälter an der linken Rumpfseite (Fläche des Bremsschirmes: 16 m^2).

Als Antrieb dient das Triebwerk R-11F2-300 (37F2), das bei Nachverbrennung einen Startschub von 60,60 kN abgibt. Auf dem Schirm des Funkmeßvisiers erkennt der Flugzeugführer die Entfernung, die Höhe und die Position des Zieles zu seinem eigenen Flugzeug. Außerdem ist mit dem Freund-Feind-Kennungsgerät bei Abfrage auf dem Bildschirm zu sehen, ob es sich um einen Gegner handelt oder nicht.

Die gegenüber den Vorgängerserien aerodynamisch verbesserte MiG-21PFM ist über einen langen Zeitraum von den Jagdfliegergeschwadern der Luftstreitkräfte/Luftverteidigung der NVA als sehr zuverlässiges und beliebtes Abfangjagdflugzeug geflogen worden. In geringem Umfang ist sie noch heute vorhanden.

Allwetter-Abfangjagdflugzeuge MiG-21SPS und MiG-21SPS-K

Die MiG-21 ist im Verlauf ihrer Entwicklung in über zwanzig Versionen hergestellt worden, von denen sechzehn in die Serienproduktion überführt worden sind. Einige dieser Versionen sind auch in den Jagdfliegergeschwadern der NVA geflogen worden beziehungsweise werden noch heute geflogen.

Im Zeitraum 1964/65 übernahmen die Jagdfliegerkräfte der NVA mit der MiG-21SPS nach der MiG-21PFM ein weiteres Modell der zweiten MiG-21-Generation. Äußerliches Kennzeichen der MiG-21SPS – «Flugzeug 94», sowjetische Bezeichnung MiG-21PFM(SPS) – ist das breite Seitenleitwerk, das vorher bei noch keiner einsitzigen MiG-21-Ausführung vorhanden war. Außerdem ist der Bremsschirm von der linken Rumpfunterseite in einen separaten, stromlinienförmigen Behälter im Seitenleitwerk über der Schubdüse verlegt worden. Damit wurde der Bremsschirm wirksamer. Er kann bei Notwendigkeit nicht erst beim Ausrollen am Boden, sondern bereits dann ausgefahren werden, wenn sich das Flugzeug etwa einen Meter über dem Boden im effektivsten Geschwindigkeitsbereich befindet. Diese Anordnung ist bei den weiteren MiG-21-Versionen beibehalten worden.

Die MiG-21SPS – noch ohne Hoheitsabzeichen

MiG-21SPS im Verbandsflug

Die für die Aufnahme eines Kanonenbehälters GP-9 vorbereitete Version MiG-21SPS-K

Wesentlicher jedoch ist, daß der Typ mit dem System SPS ausgestattet ist (SPS – russ. für Abblasen der Grenzschicht). Technisch ist das so gelöst, daß von dem Triebwerk R-11F2S-300 (37F2S – mit Nachbrenner 60,60 kN) Verdichterluft abgezapft und über Leitungen im Tragflügel an die Landeklappe herangeführt wird. Im Landeanflug wird die Landeklappe zur Auftriebserhöhung und somit zum Verringern der Lande- und Aufsetzgeschwindigkeit in die Stellung «Landung» ausgefahren. In diesem Moment schaltet sich das System SPS automatisch ein und bläst die Luft auf die Landeklappe. Der Effekt besteht darin, daß sich der Auftrieb vergrößert und die Lage der landenden Maschine stabilisiert wird. Mit Hilfe des Systems SPS verringert sich die Landegeschwindigkeit um etwa 40 km/h. Mit dem System SPS sind ebenfalls alle weiteren MiG-21-Versionen, einschließlich der neueren Schulausführungen, ausgerüstet worden.

In den Luftstreitkräften der NVA werden die MiG-21SPS meistens einfach SPS genannt. Sie sind äußerlich am Kabinendach zu erkennen: Während die Kabinendächer der Versionen MiG-21F-13 und MiG-21PFM aus einem Stück bestehen und sich nach vorn öffnen lassen, hat das Kabinendach der MiG-21SPS ein vorderes, fest mit dem Flugzeug verbundenes

Stück mit integrierter Panzerglasscheibe sowie eine nach der rechten Seite zu klappende Haube. Begründet ist das vor allem mit dem neuen Katapultsitz KM-1. Beim Katapultieren mit dem Sitz in den früheren MiG-21-Versionen legte sich die gesamte Kabinenhaube wie ein Schutzschild vor den Flugzeugführer. Beim Sitz KM-1 ist das nicht mehr nötig.

Da es sich als günstig erwiesen hatte, wenn ein Abfangjagdflugzeug mit einer Bordkanone ausgerüstet ist, erhielt die Ende der 60er Jahre ebenfalls von der NVA übernommene Version MiG-21SPS-K («Flugzeug 94K», sowjetische Bezeichnung PFMA) unter dem Rumpf eine Gondel GP-9 mit einer 23-mm-Doppelrohrkanone GSch-23 mit 200 Granaten. Äußerlich ist die MiG-21SPS-K, die sonst völlig der MiG-21SPS entspricht, nur an dem Knauf vor dem Kraftstoffzusatzbehälter zu erkennen, an dem bei abgenommenem Zusatzbehälter der Kanonencontainer befestigt wird.

Neben dem verbesserten Funkmeßvisier RP-21M ist das optische Visier PKI (ASP-PF-21) eingebaut, das zum Schießen mit der Kanone und mit ungelenkten Raketen sowie zum Abwurf der Bomben benutzt wird. Unter den Tragflügeln der SPS oder SPS-K kann je Seite eine Luft-Luft-Rakete R-3S (K-13) oder RS-2US (K-5) mitgeführt werden. Statt des 490-l-Standardbehälters können die MiG-21SPS und -SPS-K ebenso wie die MiG-21PFM unter dem Rumpf einen 800-l-Kraftstoffzusatzbehälter aufnehmen.

Als Heckschutzgerät dient die weiterentwickelte Ausführung «Syrena-3M». Am Rumpf können zwei Starthilfsraketen SPRD-99 mit einem Startschub von je 24,50 kN montiert werden. Die aerodynamischen Bremsen sind auf 0,884 m² vergrößert worden.

Während der Luftparade von Domodedowo im Juli 1967 wurde mit einer MiG-21PFM(SPS) erstmals öffentlich demonstriert, daß man durch den Anbau von zwei Starthilfsraketen die Startstrecke bedeutend verkürzen kann und daß mit der MiG-21 auch von Rasenplätzen aus zu operieren ist.

Neben Äußerlichkeiten der Zelle, die, verglichen mit früheren Versionen, zu besseren aerodynamischen Eigenschaften und damit zu einem höheren Gefechtswert führten, sind auch verschiedene Verbesserungen an der Ausrüstung und am technologischen Aufbau vorgenommen worden, wodurch sich günstigere Möglichkeiten für die Produktion und für die Wartung der Flugzeuge ergaben.

Alle MiG-21-Versionen sind am Rumpf und am Tragwerk mit mehreren Luken und Handlöchern versehen, was die Wartungsarbeiten erleichtert. Zu diesem Zweck geht auch bei allen MiG-21-Ausführungen – wie bereits bei früheren MiG-Modellen – das gesamte Heck vom Rumpf zu trennen. Das ist beispielsweise für den Triebwerkswechsel von Vorteil.

Alle Versionen der MiG-21 sind mit zweckmäßigen Flugzeugführungs- und Navigationsanlagen bestückt. Der Verbesserung von Steuerbarkeit und Stabilität im Fluge diente bei allen Versionen der ersten und zweiten MiG-21-Generation bis zur MiG-21SPS ein einkanaliger Querneigungsautopilot KAP-2, der für drei Regime ausgerüstet ist: Im Regime «Dämpfung» sind Rollschwingungen des Flugzeugs ausgeschlossen; die Lage im Raum stabilisiert der Flugzeugführer im Regime «Stabilisierung»; und bei Verlust der räumlichen Orientierung kann er im Regime «Rückführung in die Nullquerlage» das Flugzeug automatisch in den Horizontalflug bringen.

Über die weiteren MiG-21 – beginnend mit der ab 1968/69 zugeführten MiG-21M und der Schulausführung MiG-21UM – wird in dem Band «Flugzeuge und Hubschrauber der NVA von 1971 bis zur Gegenwart» informiert.

Schul- und Übungskampfflugzeug MiG-21U

Aufbauend auf den unfangreichen Erfahrungen, die mit den aus Kampfflugzeugen abgeleiteten zweisitzigen Schul- und Übungsausführungen gewonnen wurden, hatten die MiG-Konstrukteure im Jahr 1961 aus der MiG-21F-Reihe die doppelsitzige MiG-21U («Flugzeug 66») entwickelt. Der Prototyp hieß E-6U. International machte die neue Version unter der Bezeichnung E-33 durch mehrere Rekorde auf sich aufmerksam,die von Frauen geflogen wurden. Erflogen hatten sie die Pilotinnen Prochanowa, Saizewa und Sawitzkaja, die spätere Kosmonautin. Der am 22. Mai 1965 aufgestellte Weltrekord mit einer Flughöhe von 24 336 m war 1986 noch immer ungebrochen. Der Serienbau der MiG-21U (auch UTIMiG-21 genannt) begann 1963.

Im Frühjahr 1965 bekam die Fliegerschule der LSK/LV die ersten MiG-21U. Kurze Zeit später erhielten auch die mit dem Flugzeugtyp MiG-21 ausgerüsteten Jagdfliegerstaffeln der NVA die zweisitzige MiG-21U.

In der NVA diente die MiG-21U als Übungsflugzeug für das Erlernen neuer, schwieriger Flugelemente während der fliegerischen Gefechtsausbildung, für das Überprüfen des Ausbildungsstandes und das Zulassen von Flugzeugführern für kompliziertere Aufgaben (z. B. für Flüge unter schwierigen Bedingungen am Tage oder in der Nacht) sowie für den Wetterflug, der vor jedem Flugdienst im Raum der geplanten Handlungen zu unternehmen ist. Das Übungskampfflugzeug erleichterte an der Fliegerschule den Übergang vom Strahltrainer L-29 auf die Kampfflugzeuge. Es bot außerdem die Möglichkeit, Piloten nach längerer Flugpause unter Anleitung eines erfahrenen Instrukteurs wieder die Lizenz zum Fliegen zu erteilen. In der NVA wird die MiG-21U gegenwärtig noch an der Offiziershochschule der LSK/LV für Militärflieger geflogen.

Zur Überprüfung der Ausbildungsergebnisse im Abfangen von Luftzielen kann die MiG-21U, ebenso wie die einsitzigen MiG-21-

Am breiten Seitenleitwerk sowie an der Lage des Bremsschirmbehälters erkennbar – die MiG-21U der späteren Ausführung

Schul- und Übungskampfflugzeug
MiG-21U

MiG-21U mit dem Katapultsitz SK

Schul- und Übungskampfflugzeug MiG-21U

Ausführungen und die nachfolgenden doppelsitzigen Versionen, an den Unterflügelstationen sogenannte Schreiberraketen mitführen. Diese registrieren alle Tätigkeiten des Flugzeugführers, wodurch nach der Landung genau einzuschätzen ist, ob das Ziel in einer realen Luftkampfsituation vernichtet worden wäre oder nicht.

Natürlich kann jede doppelsitzige MiG-21 bei Notwendigkeit so wie die Kampfflugzeuge mit Luft-Luft- oder Luft-Boden-Raketen beziehungsweise mit Bomben beladen werden, um Luftziele abzufangen oder in der Rolle eines Jagdbombers Bodenziele zu bekämpfen.

Im Prinzip entspricht die MiG-21U vom Aufbau, der Ausrüstung und den Flugleistungen her der MiG-21F-13. Jedoch hat der Doppelsitzer keine Kanone. Charakteristisch für diese zweisitzige MiG-21 sind der schmale Tunnel zwischen der Kabine und dem ebenfalls schmalen Seitenleitwerk sowie der unten links im Rumpfheck untergebrachte Bremsschirm. Darüber hinaus wird in der NVA eine zweite MiG-21U-Version geflogen, die ein breites Seitenleitwerk wie die MiG-21SPS besitzt und den Bremsschirmcontainer unter dem Seitenruder hat. Die MiG-21U-Ausführungen kamen aus den Flugzeugwerken Moskau und Tbilissi.

Wie bei den Einsitzern ist der Rumpf des Doppelsitzers in Ganzmetall-Halbschalenbauweise konstruiert. An seiner Unterseite befinden sich drei aerodynamische Bremsklappen.

MiG-21U an der Fliegerschule der LSK/LV in den 60er Jahren

In der hermetisierbaren Kabine mit Klimaanlage und Sauerstoffausrüstung kann die Besatzung ohne oder mit Druckanzug fliegen. Die Luftzufuhr zu dem Nachbrennertriebwerk R-11F-300 (37F) mit Zweiwellen-Axialverdichter und Nachbrenner erfolgt über den kreisförmigen Einlauf im Rumpfbug (mit in drei Stufen fahrbarem Kegel) durch die beiden Kanäle seitlich der Kabine, die sich dahinter vereinigen. Im Einlaufkanal gibt es Regimeklappen (Antipompageklappen), um das Pumpen der Luft (Pompage) während der Zufuhr zum Triebwerk zu vermeiden. Der Kegel optimiert die Luftzufuhr zum Triebwerk im Überschallbereich und senkt die Schubverluste bei hohen Geschwindigkeiten.

Die Räder des Hauptfahrwerkes (Spurweite 2,69 m) werden wie bei allen MiG-21-Versionen in den Rumpf, die Streben in die Tragflügel eingefahren. Das Bugrad klappt nach vorn in den Rumpf ein. Der Dreieckflügel des freitragenden Mitteldeckers hat eine Vorderkantenpfeilung von 57°, eine im Drehpunkt verschiebbare Landeklappe, aerodynamisch kompensierte Querruder und beiderseits jeweils über der Trennstelle einen Grenzschichtzaun (Höhe: 7 Prozent der örtlichen mittleren Sehnenlänge des Profils). Das Höhenleitwerk hat einen Pfeilwinkel von 55°. Die voll schwenkbaren Flossen werden über einen Zweikammer-Kraftverstärker und ein starres Gestänge, die Querruder über zwei Einkammer-Kraftverstärker und starres Gestänge betätigt. Über ein Rohrgestänge und Umlenkkabel wird das Seitenruder mit den Pedalen direkt gesteuert.

Schul- und Übungskampfflugzeug MiG-21US

Die Weiterentwicklung der einsitzigen MiG-21-Jagdflugzeuge bedingte, daß die zweisitzigen Schul- und Übungsflugzeuge den Veränderungen angepaßt wurden. So rüsteten die MiG-Konstrukteure nach dem Vorbild der Kampfflugzeuge, die mit dem System SPS ausgestattet waren (Anblasen der Grenzschicht auf der Landeklappe beim Landen, dadurch Herabsetzen der Landegeschwindigkeit um etwa 40 km/h), auch den Doppelsitzer aus.

Dem Prototyp E-6 folgte die Serienausführung MiG-21US («Flugzeug 68»), die im Verlauf der Produktion mehrmals modifiziert worden ist, wie das auch bei den Einsitzern der Fall war. Oftmals ist bei den Kampf- und den Schulflugzeugen der MiG-21 eine eindeutige Versionsbestimmung allein nach äußeren Merkmalen sehr schwierig, weil sie nachträglich umgerüstet beziehungsweise modernisiert worden sind. Die Änderungen betrafen in der Regel Details der Ausrüstung, so das Funkgerät, den Höhenmesser, den Katapultsitz sowie weitere Elemente.

In der zweiten Hälfte der 60er Jahre verfügten die mit der MiG-21 ausgerüsteten Jagdfliegergeschwader der NVA neben der doppelsitzigen MiG-21U auch über deren Nachfolgemuster MiG-21US. Äußerlich typisch für die Version US sind der breite Tunnel auf dem Rumpfrücken, das von der MiG-21SPS her bekannte breite Seitenleitwerk sowie der

MiG-21US mit Katapultsitzen KM-1U Die Landeklappen der MiG-21US sind voll ausgefahren

Schul- und Übungskampfflugzeug MiG-21US

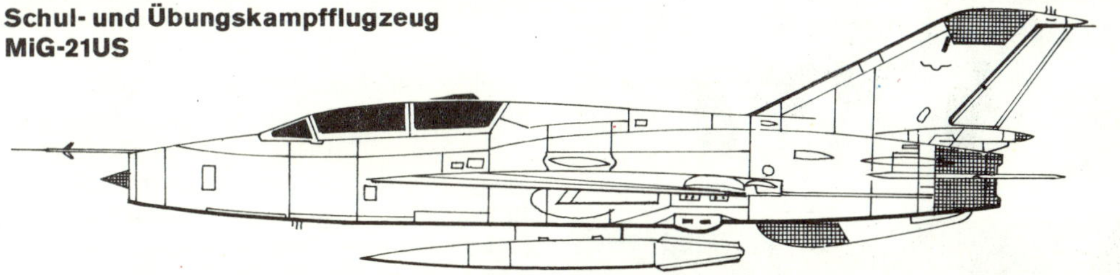

MiG-21US am Boden

Am ausgefahrenen Spiegel zu erkennen – die MiG-21US

stromlinienförmige Container über der Schubrohröffnung, in dem der Bremsschirm untergebracht ist. Im Kabinendach befindet sich die Antenne des Funkkompasses, und anstelle der älteren Katapultsitze verfügen die beiden Flugzeugführer (vorn Flugschüler oder Auszubildender, hinten Fluglehrer oder Instrukteur) über je einen Sitz KM-1.

Die in Details verbesserte Version MiG-21US ist von den beiden MiG-21U-Ausführungen auch an dem ausfahrbaren Spiegel (oft als Periskop bezeichnet) auf der zweiten Kabine zu erkennen. Dieses automatisch mit dem Fahrwerk heraustretende Periskop dient dem Fluglehrer zur besseren Sicht während des Rollens am Boden, beim Start, beim Landeanflug und bei der Landung. Es machte sich notwendig, weil der Fluglehrer durch den breiten Sitz KM-1U eine verringerte Sicht nach vorn hat, was durch den Spiegel ausgeglichen wird.

Ein wesentlicher Unterschied zwischen der MiG-21U und der MiG-21US besteht außerdem darin, daß die weiterentwickelte Version mit dem System SPS ausgestattet ist. Mit dem SPS-System versehene MiG-21-Ausführungen sind u. a. daran zu erkennen, daß sich bei ihnen die Landeklappe in den Stellungen 25° und 45° um die Achse dreht, während die Landeklappe der MiG-21F-13, der MiG-21U und der MiG-21PFM nach hinten, unten ausfährt. Die Vorderkante der Landeklappe aller Flugzeuge mit SPS ist profiliert, damit die dem Triebwerk 37F2S (oder 37F2SK) entnommene Luft anströmen kann.

Die MiG-21UM («Flugzeug 69») als Schulflugzeug der dritten MiG-21-Generation wird in dem Band «Flugzeuge und Hubschrauber der NVA von 1971 bis zur Gegenwart» beschrieben. Im Unterschied zur MiG-21US weist das Seitenleitwerk der MiG-21UM eine grüne Fläche auf, unter der sich die Antenne für das Funkgerät 832 befindet.

Leichter Mehrzweckhubschrauber SM-1 (Mi-1)

Nach dem Hubschrauber Mi-4 erhielten die Transport- und Verbindungsfliegerkräfte der NVA im Verlauf des Jahres 1957 als zweiten Typ den leichten Hubschrauber Mi-1. Da es sich hierbei sowohl um sowjetische Originalhubschrauber aus dem Werk Kiew als auch um polnische Lizenzausführungen aus dem Werk WSK Swidnik handelte, waren zwei Bezeichnungen (Mi-1 nach dem Konstrukteurbüro von M. L. Mil; SM-1 als polnische Ausführung: SM – smieglowiec/Hubschrauber) in der NVA üblich. Jedoch wurde in der Regel in den mit diesem Hubschraubertyp ausgerüsteten Einheiten vom SM-1 gesprochen.

Insbesondere in den ersten Jahren des Aufbaus der Nationalen Volksarmee hatte dieser Klein-Helikopter, der für ein bis zwei Passagiere und einen Hubschrauberführer eingerichtet war, zahlreiche Aufgaben zu erfüllen. Für die Stäbe der Land- und Luftstreitkräfte beziehungsweise der Luftverteidigung hatte er Kurier- und Verbindungsflüge zu jeder Tageszeit zu unternehmen. Dazu zählte auch, kleinere Frachten zu befördern. Bei Truppenübungen betrieb man damit die visuelle und die Strahlungsaufklärung oder die Leitung des Artilleriefeuers. Die zweckmäßige Tarnung von Stellungen oder Truppenkonzentrationen ließ sich damit ebenso kontrollieren wie der taktisch richtige Marsch von Truppenteilen und Einheiten. Da der SM-1 keine großen Ansprüche an die Start- und Landefläche stellte, gab es in dieser Hinsicht wenig Probleme.

Im Interesse der Landwirtschaft sind mit dem SM-1 auch Versuchsflüge als Düngerstreuer unternommen worden. Im heutigen Jagdfliegergeschwader «Heinrich Rau» stand bei Flügen über See ständig ein SM-1 für Rettungsaufgaben zur Verfügung. Die zweiköpfige Besatzung (Hubschrauberführer, Beobachter) trug Schwimmwesten.

In der NVA wurden die letzten Mi-1 beziehungsweise SM-1 im Jahr 1973 außer Dienst gestellt, nachdem sie ab 1972 durch den leistungsfähigeren Turbinenhubschrauber Mi-2 ersetzt worden waren. Dieser Typ wird in dem

SM-1 mit angebautem Zusatzbehälter

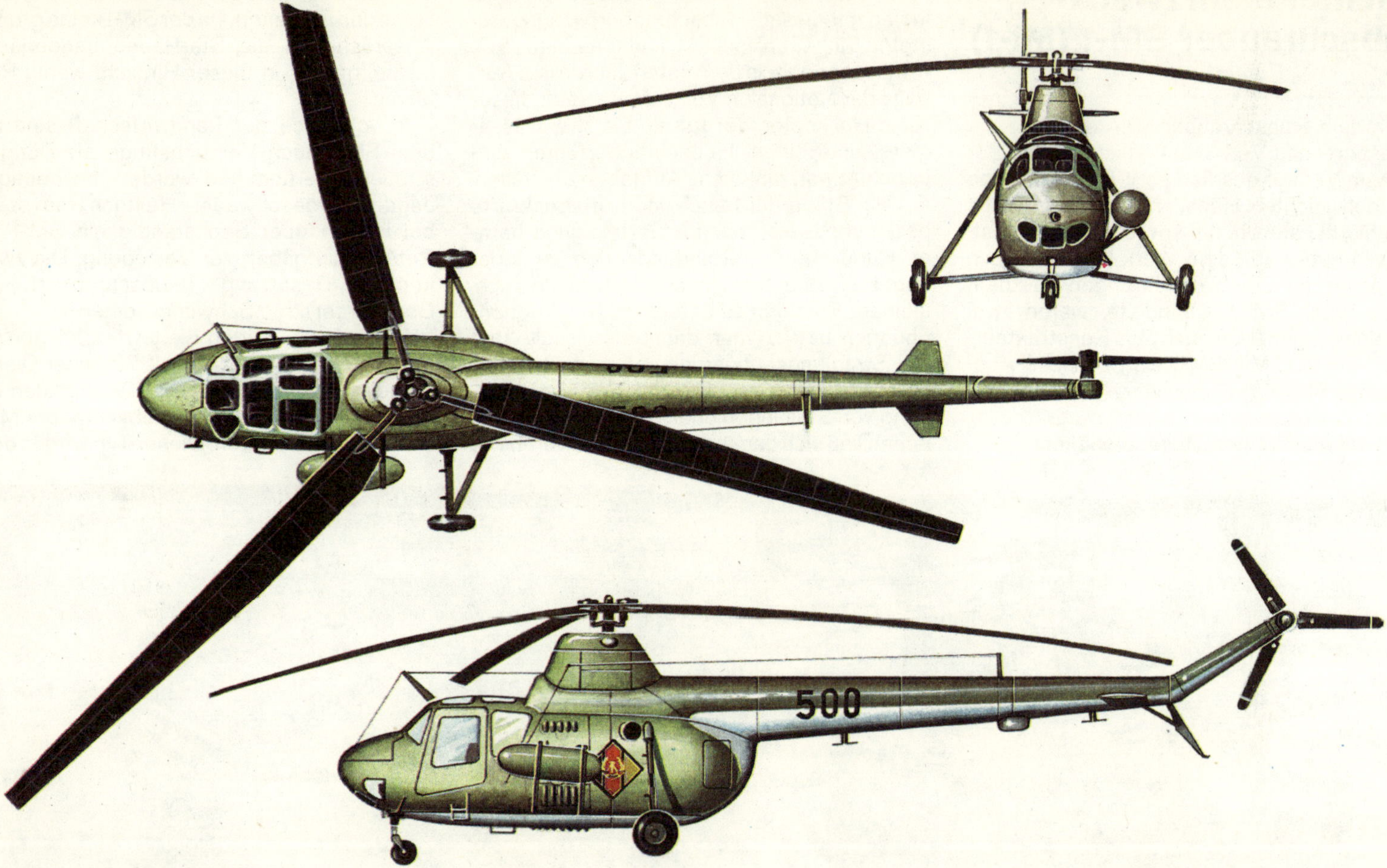

Leichter Mehrzweckhubschrauber
SM-1 (Mi-1)

SM-1 mit altem Hoheitsabzeichen

Leichter Mehrzweckhubschrauber
SM-1 (Mi-1)

Betanken eines SM-1

Band «Flugzeuge und Hubschrauber der NVA von 1971 bis zur Gegenwart» vorgestellt. Die letzten Flüge mit SM-1 wurden im August 1972 unternommen.

Ende 1947 hatten in dem im selben Jahr gegründeten Konstruktionsbüro Mil die Arbeiten an dem Kleinhubschrauber GM-1 begonnen, der bei seinem Erstflug im September 1948 bereits als Mi-1 bezeichnet wurde. Im Jahr 1950 erhielten die ersten sowjetischen Hubschraubereinheiten den Mi-1, und zur Luftparade am 8. Juli 1951 führte man ihn erstmals öffentlich vor.

Im Verlauf der Serienproduktion im Werk Kiew ist der Mi-1 ständig verbessert worden, wobei sich die Laufzeiten für Zelle, Tragschraubenblätter und Triebwerk erhöhten. Werk-, Test- und Sportpiloten der UdSSR, später auch Polens, stellten mit dem Mi-1 zahlreiche Rekorde auf – in der UdSSR allein 29 Allunionsrekorde und 14 von der internationalen Luftsportföderation FAI anerkannte Rekorde.

Im Mai 1956 übergab die UdSSR auf der Grundlage einer Regierungsvereinbarung die weitere Mi-1-Produktion an die Volksrepublik Polen. Während das Werk WSK Swidnik Mitte 1956 zunächst noch aus der UdSSR importierte Teile für den Mi-1T montierte (in Polen als SM-1/300 bezeichnet, wobei die 300 die Anzahl der Betriebsstunden für die Tragschraube bedeutete), konnte ab 1957 die Montage aus Baugruppen erfolgen, die völlig in Polen hergestellt wurden. Ende 1957 nahm das Werk WSK Rzeców den Lizenzbau des Triebwerkes AI-26W als Lit-3 auf. Ab 1958 lieferte die Flugzeugfabrik Swidnik die Version Mi-1A als SM-1/600 mit der doppelten Betriebsdauer der Tragschraube aus. Neben dem universell verwendbaren SM-1/600 produzierte Swidnik nach sowjetischen Unterlagen Fracht- (SM-1D), Sanitäts- (SM-1S), Landwirtschafts- (SM-1Z) und Schulhubschrauber (SM-1Sz).

In der NVA sind die Ausführungen als Universal-, Schul- und Sanitätshubschrauber geflogen worden.

Sanitätshubschrauber Mi-1M

Geschlossene Verwundeten-Aufnahmevorrichtung des Mi-1M

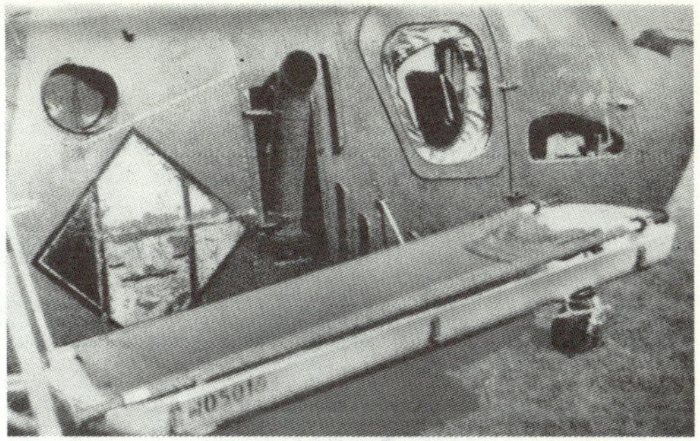

Geöffnete Verwundeten-Aufnahmevorrichtung des Mi-1M

Neben der universellen Standardversion und den Schulausführungen mit Doppelsteuer verwendeten die Transport- und Verbindungsfliegerkräfte der NVA auch die Sanitätsversion des Mi-1; in der UdSSR 1954 entwickelt, in Polen als Mi-1S (auch Mi-3) in Lizenz produziert und als SM-1S bezeichnet.

Der von der NVA übernommene Sanitätshubschrauber besaß die erweiterte Ausrüstung des Mi-1M, der ab 1960 in Polen in Serie produziert wurde (polnische Bezeichnung SM-1W – vergrößerte Kabine, modernisierte Navigationsausrüstung, verbesserte Steuereinrichtung, elektrischer Trimmer, abschaltbare Hydraulikanlage, weiterentwickelte Tragschraubenblätter). Deshalb wurde er in der DDR ebenfalls als Mi-1M bezeichnet.

Äußere Kennzeichen des Sanitätshubschraubers waren die beiderseits zu befestigenden Tragen in Gondelform mit einer dicht schließenden Metallabdeckung. Diese ließ sich leicht entfernen und schützte den Verletzten vor jeglichen Witterungseinflüssen. Am Kopfteil trug jede Abdeckung eine große Plexiglasscheibe und in der Mitte ein großes rotes Kreuz auf weißem Grund.

Außer den beiden Verletzten in den Gondeln konnte der Mi-1M einen sitzenden Patienten in der Kabine oder einen Angehörigen des medizinischen Personals mitnehmen. Jede Gondel war getrennt zu belüften, zu beheizen und mit einer angeschlossenen Handlampe zu beleuchten. Da die Gondeln von der Hub-

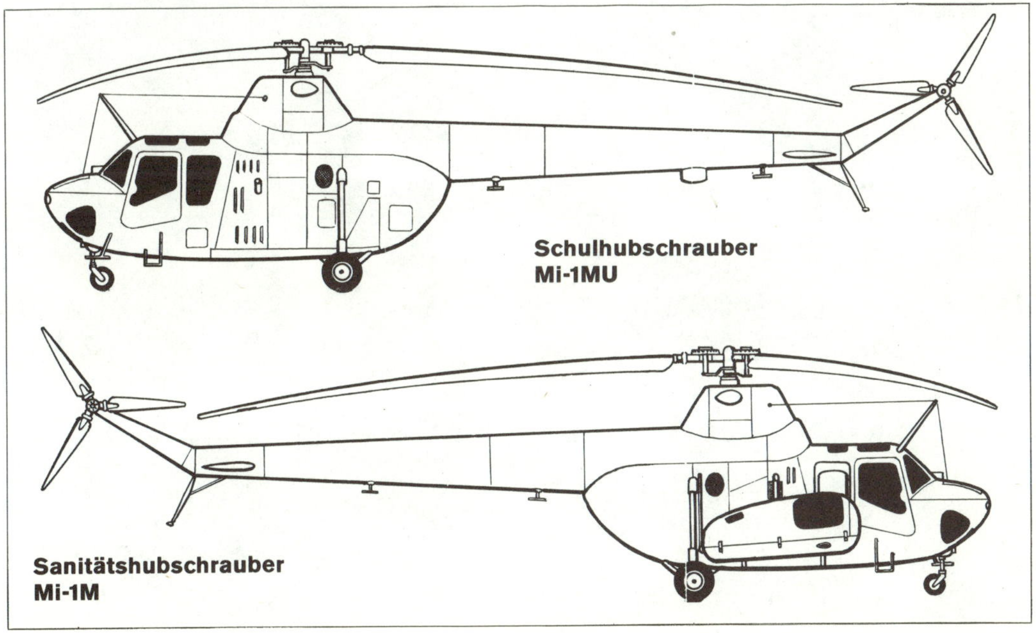

Schulhubschrauber Mi-1MU

Sanitätshubschrauber Mi-1M

schrauberkabine aus durch eine Verbindungsöffnung zu erreichen waren, konnten die Verletzten ständig medizinisch betreut werden. Man war vom Hubschrauber aus in der Lage, die Kranken zu beobachten, die Körpertemperatur und den Puls zu messen, Medikamente oral (durch den Mund), subkutan (unter die Haut), intramuskulär und intravenös zu verabreichen.

Da die unteren Körperpartien während des Fluges nicht von der Kabine aus erreicht werden konnten, sollten Verletzte mit Wunden unterhalb der Gürtellinie nicht auf diese Art transportiert werden. In der Gondel war ausreichend Platz, um den Verletzten in halbsitzender Stellung, mit angezogenen Beinen, mit Armabduktionsschiene oder in stabiler Seitenlage zu transportieren. Die Trage und der Patient konnten ausreichend festgeschnallt werden.

Es war möglich, an der linken Seite einen Zusatztank («Blase» genannt) und nur rechts eine Gondel mitzuführen. In diesem Fall betrug die Reichweite 250 km gegenüber 160 km bei zwei Gondeln (durchschnittliche Fluggeschwindigkeit 140 km/h).

Mi-1M ohne Anhängungen

Schulhubschrauber Mi-1MU

Für die Ausbildung von Hubschrauberführern übernahmen die Luftstreitkräfte der DDR auch einige Schulhubschrauber, die vom sowjetischen Entwicklungsbüro Mil als Mi-1U und vom polnischen Lizenzhersteller als SM-1Sz bezeichnet wurden. Während die mit Doppelsteuer versehenen SM-1 der NVA keine besondere Versionsbezeichnung trugen, hieß die Schulausführung mit Mi-1M-Standard Mi-1MU. Bis auf die Doppelsteuerung und den zweiten Hubschrauberführersitz unterschieden sich die Schulausführungen SM-1Sz und Mi-1MU nicht wesentlich von den Standardausführungen.

Der Hubschrauber Mi-1 (SM-1) hatte einen stark verglasten Bug, der auch die Sicht nach vorn unten gestattete. Der Rumpf war in Stahlrohrbauweise gefertigt und hatte Metallbeplankung. Über der Kabine befand sich der Lufteinlauf für das Gebläse des siebenzylindrigen Sternmotors AI-26W mit einer Startleistung von 423 kW, der hinter der Besatzungskabine horizontal untergebracht war. Vom Triebwerk wurde die Antriebswelle (1581 U/min) zum Hauptuntersetzungsgetriebe geführt. Von dort wurden die dreiblättrige Tragschraube (zuerst Gemischtbauweise, dann Ganzmetallbauweise mit Enteisung; 232 U/min; Rotorbremse) und über eine Fernwelle und ein Zwischengetriebe die Ausgleichsschraube im Heck (drei Blätter aus Holz; 1348 U/min) betätigt. Am Heck befanden sich kleine Stabilisierungsflächen sowie ein Notsporn.

Die Kabine, an jeder Seite mit einer Tür versehen, wies vorn den Flugschülersitz und hinten (versetzt eingebaut) den Fluglehrersitz auf. Hinter dem Triebwerksraum bildete der Tank für 240 l Kraftstoff den Rumpfabschluß. Zur Erhöhung der Flugweite ließ sich an der linken Rumpfseite ein Zusatzbehälter für 160 l Kraftstoff befestigen.

Zur Ausrüstung aller SM-1-/Mi-1-Versionen gehörten UKW-Funkstation, Funkhalbkompaß beziehungsweise Funkkompaß ARK-5, Gyrokompaß GIK-1 und Funkhöhenmesser RW-2. Ein Freund-Feind-Kennungsgerät gab es nicht. Während bei dem SM-1 der NVA die

Die Schulausführung Mi-1MU

Trimmung über Handräder zu bedienen war, gab es bei den Mi-1M und Mi-1MU elektrisch zu betätigende Trimmer.

Die Mi-1M-Ausführungen waren an den topfförmigen Ausstülpungen unter Rumpf und Heckträger (Präzisionsgerät zum Messen geringer Geschwindigkeiten) zu erkennen. Alle Versionen hatten große Wartungsluken in der Zelle, die einen bequemen Zugang zu sämtlichen Aggregaten ermöglichten.

Ein Schulhubschrauber Mi-1MU befindet sich an der Traditionsvorstartlinie der Offiziershochschule der LSK/LV für Militärflieger in Bautzen.

Heckschraube des SM-1/Mi-1

Mehrzweckhubschrauber Mi-4A

Der erste Hubschraubertyp, den die NVA übernahm, war der Mi-4A. Im Januar 1957 begann die Ausbildung der ersten Hubschrauberbesatzungen. Geflogen wurde der Typ in den Luftstreitkräften bis August 1978, dann löste ihn der bereits vorher zugeführte Turbinenhubschrauber Mi-8 endgültig ab.

Ein Mi-4A steht auf der Freifläche des Armeemuseums der DDR in Dresden, ein weiterer zählt zur Sammlung der Offiziershochschule der LSK/LV für Militärflieger in Bautzen.

Der letzte Mi-4A der NVA ist von Oberstleutnant Gottfried Tübel im Jahr 1980 nach Ungarn überflogen worden, da er für das Armeemuseum in Budapest erworben worden war. Hubschrauber des Typs Mi-4A sind von den Luftstreitkräften der NVA als Grundstock für die künftige Marinefliegereinheit an die Volksmarine übergeben worden. Ebenso erhielten die Grenztruppen der DDR Mi-4A. Die an die INTERFLUG übergebenen Hubschrauber dieses Typs bildeten die Basis dafür, daß der Betriebsteil Wirtschaftsflug ab Ende 1961 in immer größerem Umfang fliegende Krane einsetzen konnte.

Der Mi-4A hatte in der NVA zahlreiche Aufgaben zu lösen. So diente er für den Transport von Einheiten ebenso wie von Ausrüstungsgegenständen verschiedenster Art. Abhängig von den meteorologischen Bedingungen war er in der Lage, 800 bis 1670 kg Nutzlast im Laderaum oder 1300 kg als Außenlast zu befördern. Mit Hilfe der Elektrowinde konnten in der Standschwebe über das 40 m lange Seil Außenlasten bis zu 150 kg – beispielsweise auch ein aus dem Wasser zu Bergender – an Bord genommen werden. Die Zuladung konnten acht bis sechzehn Soldaten mit Ausrüstung ebenso sein wie zum Beispiel eine Feldküche, ein geländegängiges Kfz in der Größe des GAZ-69, eine 57-mm-Pak, ein rückstoßfreies Geschütz (Granatwerfer) bis zum Kaliber 120 mm oder zwei Seitenwagengespanne.

Von Vorteil waren dabei die Heckladetore – bei Hubschraubern dieser Größenordnung damals durchaus nicht üblich – und die auslegbaren Auffahrrampen, die ein schnelles Be- und Entladen ermöglichten. Im Außenlastflug konnten Geschütze, flexible Kraftstoffbehälter oder ähnliche sperrige Frachten transportiert werden. Zu beachten war, daß sich beim Erhöhen der Außentemperatur um 10 K die Tragfähigkeit um 160 kg verringerte und daß sich beim Start in einer Höhe von 1800 m über NN (Normalnull) die maximale Startmasse um 360 kg senkte.

Bei der Ausrüstung für den Sanitätsflug waren verschiedene Varianten möglich (Bedingung: Start mit maximaler Masse): acht Tragen mit liegenden Patienten und ein Sanitäter; drei Tragen, sieben Sitzende und ein Sanitäter oder fünf Liegende, vier Sitzende und ein Sanitäter. Gegenüber dem Mi-1M konnte der Mi-4A also mehr Patienten gleichzeitig befördern, und deren Versorgung während des Fluges war besser möglich.

Selbstverständlich diente der Mi-4A auch für Verbindungs- und Kurieraufgaben sowie für die Aufklärung, für Rettungsflüge unterschiedlichster Art (in vielen Fällen auch für den zivilen Bereich), für das Absetzen von Fallschirmjägern und von Landeeinheiten sowie für die Aufnahme von Einsatzgruppen.

Mi-4A von vorn

Mehrzweckhubschrauber
Mi-4A

Mehrzweckhubschrauber
Mi-4A

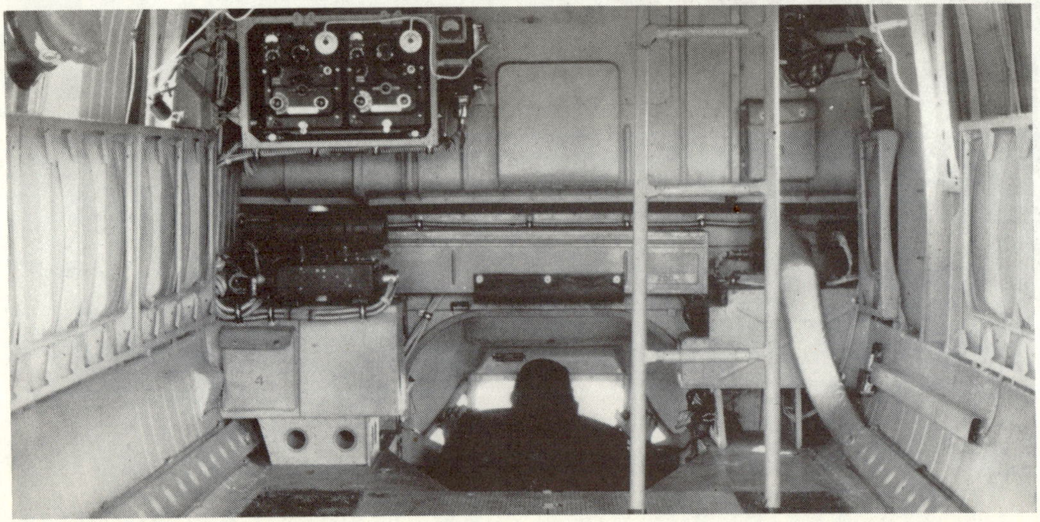

Ab 1962 diente der Mi-4A im späteren Jagdfliegergeschwader «Heinrich Rau» für Rettungsaufgaben bei Flügen der Jagdflugzeuge über See. Dazu war der Mi-4A mit abwerfbarem Schlauchboot, einer Netzboje für den Kran und zusätzlicher Funkausrüstung versehen.

Mit Hilfe von Gleitbahnen, nach außen angebracht, konnten Hubschrauberbesatzungen mit ihren Mi-4A in ganz kurzer Zeit Minen verlegen. Zur Erhöhung der Nutzlast ließen sich die Flügel der Heckladeluke aushängen. Schließlich sei noch erwähnt, daß der Bordmechaniker mit seinem 12,7-mm-MG TKB 481 (A-12,7), Kampfsatz 200 Patronen, aus der Bodenwanne Bodenziele bekämpfen konnte. Durch Öffnungen in den Seitenfenstern des Laderaumes war es außerdem möglich, daß mot. Schützen mit ihren Waffen Bodenziele bekämpften.

Kein Problem war es, den Mi-4A als fliegende Relaisstation zu verwenden, um beispielsweise die Reichweite der UKW-Funkverbindung einer Bodenleitstelle mit Abfangjagdflugzeugen in geringen Höhen zu vergrößern. Dazu nahm der Mi-4 die notwendigen Empfangs- und Sendegeräte sowie die Antennen an Bord.

Der Mi-4A war als robuster und zuverlässiger Hubschrauber sehr beliebt. Er diente als Ausgangsmuster für weitere militärische und zivile Versionen.

Die Besatzung eines Mi-4A

Der Bordmechaniker in seiner Kanzel hinter dem 12,7-mm-MG

UAW-Hubschrauber Mi-4M

Im Verlauf der Serienproduktion ist der Hubschraubertyp Mi-4A, bei dem erstmals im sowjetischen Hubschrauberbau ein hydraulischer Kraftverstärker für die Steuerung angewendet worden ist, mehrmals weiterentwickelt und modifiziert worden.

So wiesen die ersten Tragschrauben eine Betriebsdauer von 100, später von 150 Stunden auf. Durch konstruktive Verbesserungen waren 1954 300 Betriebsstunden erreicht. Ab 1955 baute das Werk die vom Mil-Kollektiv vorgeschlagenen Tragschraubenblätter mit den 10,30 m langen Spezialstahlrohren ein, wodurch man eine Betriebsdauer von 600 Stunden erreichte. Veränderungen gab es auch an der Zelle und bei der Ausrüstung. So wurde die Arbeit der Besatzung späterer Mi-4A-Serien durch den Einbau eines Autopiloten erleichtert.

Während der Flüge von Mi-4A im Interesse der Seestreitkräfte über dem Meer stellte sich heraus, daß das Fehlen eines Funkmeßgerätes die Navigation über See sehr erschwerte. Deshalb baute das Konstruktionsbüro von M. L. Mil zu Beginn der 60er Jahre den Grundtyp Mi-4A zum maritimen Hubschrauber Mi-4M um (laut Vorschrift der Volksmarine Mi-4MÄ, meistens aber nur Mi-4M genannt). Äußere Kennzeichen waren das topfförmige Funkmeßgerät unter dem Bug, der Scheinwerfer darüber, die verkürzte und stärker verglaste Wanne unter dem Rumpf für den Steuermann sowie das am Heck befestigte, absenkbare Magnetortungsgerät zur Suche von U-Booten.

Der Mi-4M wurde von den Marinefliegerkräften der NVA im Jahr 1965 in Dienst gestellt. Vorher hatten von den Luftstreitkräften übernommene Mi-4A vor allem Seenotrettungsaufgaben wahrgenommen. Der im Grundaufbau dem Mi-4A entsprechende Mi-4M versetzte die Marineflieger in die Lage, nun verstärkt Seeaufklärungs- und UAW-Aufgaben zu trainieren (UAW – Unterwasserabwehr; Suchen und Vernichten von Unterwasserfahrzeugen).

Anlassen eines Mi-4M

Natürlich war auch der Mi-4M in der Lage, Transport-, Sicherstellungs- und Rettungsflüge auszuführen, havarierten Flugzeug-, Hubschrauber- oder Schiffsbesatzungen Hilfe zu bringen.

Für die U-Boot-Suche ließ sich das am Heck befestigte Ortungsgerät mit Hilfe der Bordwinde bis über die Wasseroberfläche ausfahren. Der Magnetsuchkopf sprach auf die Verzerrungen des Bodenmagnetfeldes an, die durch ein U-Boot verursacht werden. Das erkannte der in der Kanzel unter dem Hub-

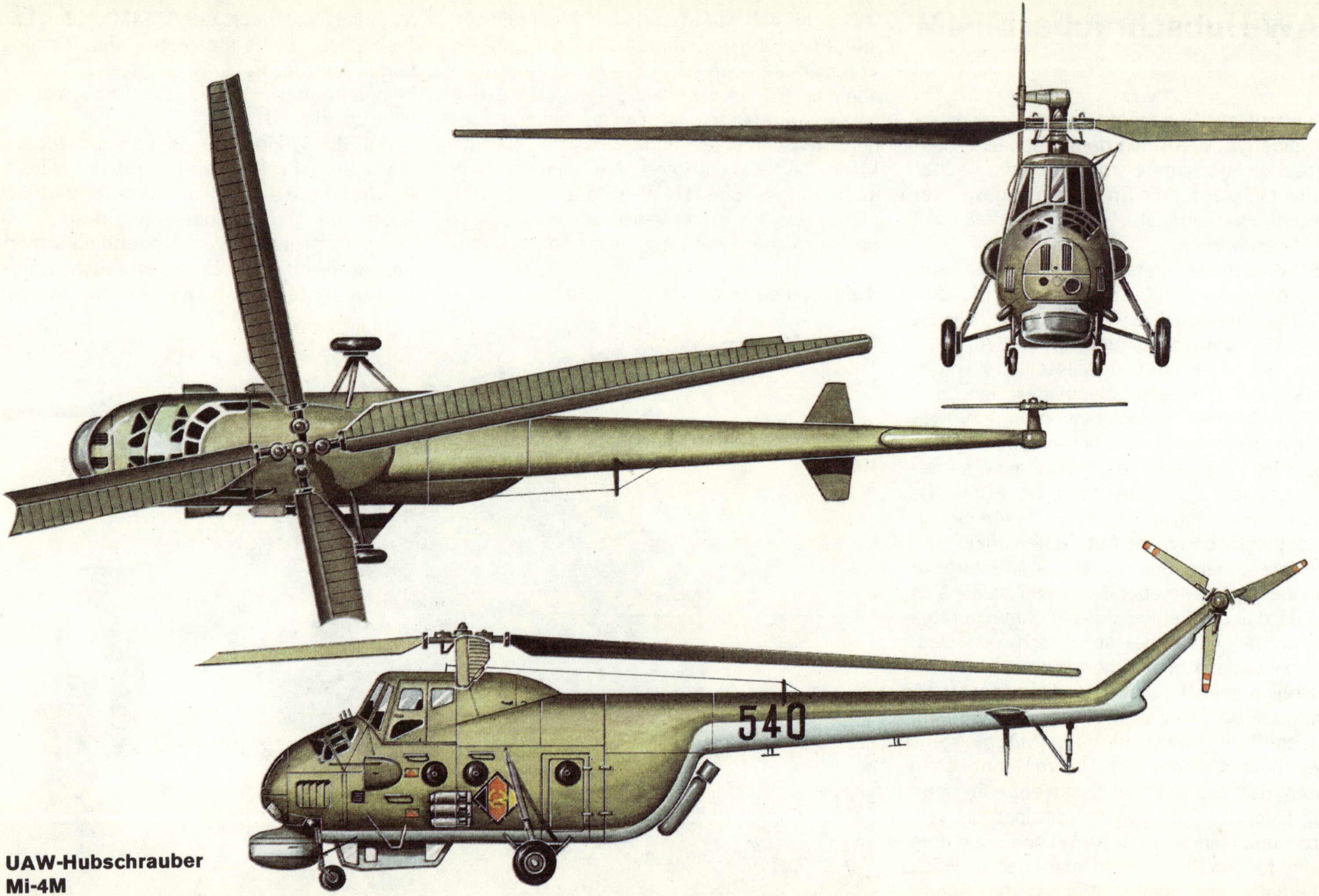

UAW-Hubschrauber Mi-4M

UAW-Hubschrauber
Mi-4M

Vor dem Start

Ein Mi-4M wird für den Gefechtsflug vorbereitet

schrauberboden sitzende Steuermann an seinen Geräten. Hatte er ein U-Boot ausgemacht, so konnte er hydroakustische Funkbojen werfen. Da diese ihn über die Schraubengeräusche des U-Bootes informierten, konnte der Steuermann dessen Kurs bestimmen und weitere Hubschrauber oder Schiffe der Suchgruppen über Funk herbeirufen. Im Gegensatz zu den Mi-4M in der Suchvariante – wie hier beschrieben – waren die in der Schlagvariante handelnden Mi-4M mit Bomben, bis zu 250 kg schwer, bewaffnet. Die Bomben wurden im Inneren des Laderaumes in Gerüsten links und rechts an den Bordwänden mitgeführt. Das konnten vier Bomben zu je 250 kg, sechs zu je 100 kg, acht zu je 50 kg oder eine entsprechende Anzahl kleinkalibriger Bomben sein.

Der Suchhubschrauber kennzeichnete für die Bekämpfungshubschrauber die Kontaktstelle zum U-Boot mittels außenbords angebrachter Orientierungsbomben, die im Wasser einen grünen Fleck erzeugten. Das Funkmeßgerät (eine Panorama-Anlage RBP-4G) diente nicht nur der eigenen Orientierung – zum Beispiel durch das Darstellen der Küstenlinie auf dem Bildschirm, sondern auch zur Suche von Zielen über See. Das Gerät war auch im Sektorbetrieb zu nutzen. Mit Hilfe einer Kamera am Tubus über dem Bildschirm konnte der Steuermann eine Dokumentation über den Flugverlauf erarbeiten.

Gegenüber dem Mi-4A hatte der Mi-4M eine andere Stromversorgung; er verfügte über einen stärkeren Generator. Im Mi-4M gab es außerdem eine besondere Luke im Heckteil, aus der über Seilzug oder pneumatische Betätigung ein aufblasbares Schlauchboot mit kompletter Seenotausrüstung zu Wasser gelassen werden konnte. Jedes Mitglied der Besatzung – erster und zweiter Pilot sowie Steuermann – trugen Schwimmwesten.

Mitte der 70er Jahre ersetzten Mi-8 die Mi-4M.

Passagierhubschrauber Mi-4S

Aus der Grundversion Mi-4A leitete das Mil-Kollektiv mehrere Passagierausführungen mit unterschiedlicher Ausstattung ab. So gab es neben der Version mit sechzehn Sitzen und Platz für Gepäck auch eine ausgesprochene Salon-Ausführung mit sechs Sitzen.

Äußerlich unterschieden sich die Passagierausführungen von der Grundversion durch die größeren und eckigen Fenster. Außerdem fehlte die Rumpfgondel mit dem MG (bei dem Mi-4A konnte das MG durch eine Kamera oder durch Meßgeräte ersetzt werden). Jedoch ließ sich auch bei der Salonversion Mi-4S, wie sie von der NVA für spezielle Aufgaben geflogen wurde, die Heckladeluke öffnen. Bis auf die Ausstattung in der Frachtkabine entsprach die Version Mi-4S der Grundversion Mi-4A. Der in der NVA geflogene Mi-4S hatte an der vorderen Stirnwand eine Sitzbank für drei bis vier Personen. An jeder Kabinenseite gab es je zwei Sessel und dazwischen einen kleinen Tisch. Vor der im Heck untergebrachten Garderobe befanden sich rechts eine kleine Bordküche und links der Sitz des Bordtechnikers.

Der Mi-4S mit der Bordnummer 563 war der letzte Mi-4 der NVA, der einen Dienstflug unternommen hat.

Die Entwicklungsarbeiten am Hubschraubertyp Mi-4 waren im Oktober 1951 aufgenommen worden, wobei sich die Konstrukteure auf die Erfahrungen mit dem Mi-1 stützen konnten. Im April 1952 begannen die Tests mit dem Mi-4-Prototyp, und noch im selben Jahr nahm man die Serienproduktion dieses neuen Typs auf. Während der Prototyp noch mit dem Kolbenmotor ASch-62IR (bekannt von der An-2 her, Startleistung 735,49 kW) ausgestattet war, erhielt die Serienausführung den 14-Zylinder-Doppelsternmotor ASch-82W (Modifikation des in vielen Flugzeugen verwendeten Triebwerkes, so als ASch-82T in der Il-14; bei Mi-4 Startleistung 1250 kW, Nennleistung 1052 kW, Masse 1040 kg). Zur Minderung der Lärmbelästigung konnten am Mi-4-Triebwerk Schalldämpfer angebaut werden, wodurch allerdings die maximale Startmasse um 10 Prozent gesenkt werden mußte. Das war besonders in der warmen Jahreszeit sehr nachteilig, konnte aber bei dem Mi-4S in Kauf genommen werden.

Wie mit dem Mi-1 sind auch mit dem Mi-4 mehrere Rekorde in der UdSSR aufgestellt worden. So erflog der Hubschrauberführer

Der Mi-4S

R. J. Kapreljan am 25. April 1956 mit 2000 kg Nutzlast einen Höhenrekord von 6017,5 m, während W. W. Winitzki einen Tag später mit 1000 kg Nutzlast auf 6056 m stieg, was ebenfalls Weltrekord bedeutete. Auf einer geschlossenen 500-km-Strecke wurden vier Tage später 187,254 km/h erreicht, am 26. März 1960 mit 1012 kg Nutzlast eine Höhe von 7575 m. Auch das waren Weltrekorde!

Im Grundaufbau waren alle Mi-4-Hubschrauber Ganzmetall-Konstruktionen in Halbschalenbauweise mit Leichtmetallbeplankung. Am Rumpfoberteil schloß sich nach hinten der 6,46 m lange, ebenfalls in Halbschalenbauweise hergestellte Heckträger mit der Stabilisierungsflosse und dem Notsporn an. Am Heckträger befanden sich Schnellverschlüsse zur Kontrolle der Heckwellenlager und -gelenke, die Antennen des Funkhöhenmessers, des Funkgerätes und des Funkkompasses.

Im Rumpfbug war mit einem Winkel von 28° zur Rumpflängsachse und schräg nach hinten und oben in einem Tragegestell das zwangsluftgekühlte Triebwerk aufgehängt. Der Triebwerksraum nahm außerdem die Hilfs- und Zusatzaggregate auf. Brandwarn- und Feuerlöschanlage boten Sicherheit gegen Feuer in diesem Bereich. Der Luftstrom gelangte durch die beiden großen seitlichen Lufthutzen und über die mit Metallsieben geschützten Ansaugöffnungen, von den Kühlluftleitblechen gesteuert, über die Triebwerksteile.

Der Triebwerksraum war nach Abnahme der großen Verkleidungsbleche gut für die Wartung zugänglich. Öffnungen, Luken und Handlöcher in der Rumpfbehäutung gestatteten es, an die Hydraulikanlage, an den Außenbordanschluß für die Hydraulikanlage, an den Einfüllstutzen für den elastischen, 960 l fassenden Kraftstoffbehälter über dem Laderaum (Tank dichtete sich bei Einschüssen selbst ab) sowie an weitere Anlagen und Geräte zu gelangen. Im Frachtraum konnte für Überführungsflüge ein 500-l-Standardfaß auf einem Untergestell mitgeführt werden.

Im oberen Teil der Kabine befanden sich die in gleicher Höhe montierten, verstellbaren, leicht abzunehmenden Sitze der beiden Hubschrauberführer. Eine Doppelsteuerung war vorhanden. In der Variante Mi-4A waren längs der Seitenwände klappbare Sitze in flacher Wannenform befestigt.

Die Vierblatt-Tragschraube war bei den ersten Serien in Gemischtbauweise, bei späteren in Ganzmetall ausgeführt. Die Dreiblatt-Heckschraube an der rechten Seite diente zum Ausgleich des Drehmomentes, das von der Tragschraube ausging. Die mit Öl-Luft-Stoßdämpfern versehenen Räder waren nicht einziehbar. die Bugräder waren um 360° schwenkbar. Die hydraulischen Kraftverstärker für die Steuerung wurden von der Haupt- und der Notanlage versorgt.

Das Heck des Mi-4

Zugang zum Triebwerk ASch-82W

Mehrzweckhubschrauber Mi-8T

Im Jahr 1968 begann die Ausstattung der Transportfliegerkräfte der NVA mit dem Turbinenhubschrauber Mi-8T. Nach und nach ersetzte er (zunächst noch ohne Aufhängevorrichtungen für Behälter mit ungelenkten Raketen) auch bei den Marinefliegerkräften und bei den Grenztruppen der DDR den bewährten Kolbenmotor-Hubschrauber Mi-4A beziehungsweise Mi-4M.

Die universelle Verwendbarkeit des Mi-8T läßt es zu, ihn mit geringfügigen Veränderungen für die Ausbildung von Hubschrauberführern ebenso zu verwenden wie für den Transport von Einheiten und Ausrüstungsgegenständen unterschiedlichster Art. Er eignet sich für die Seenotrettung (mit abwerfbarem Schlauchboot, Seenotrettungsausrüstung, Netzboje; in dieser Form ab 1973 statt Mi-4A im Jagdfliegergeschwader «Heinrich Rau»), ebenso zum schnellen Verlegen von Minen und zur Unterstützung abzusetzender Einheiten oder der Bodentruppen mit Hilfe von ungelenkten Luft-Boden-Raketen, an seitlichen Auslegern angebracht (je Hubschrauber vier Behälter UB-16 mit je 16 S-5, Kaliber 57 mm; in dieser Form in der NVA ab 1971 verwendet).

Im Verlauf der Serienproduktion ist der Mi-8T in Details verbessert worden. So haben die neueren Mi-8T der NVA eine modernisierte Winde. Während die letzten Serien bereits mit einem automatischen Funkkompaß ARK-U2 ausgerüstet sind (ermöglicht z. B. das Anfliegen der Funkstation eines in Seenot befindlichen Fliegers), wurden andere mit diesem Gerät nachgerüstet. Der Mi-8T zählt nach wie vor zum Bestand der Luftstreitkräfte/Luftverteidigung, der Marinefliegerkräfte und der Grenztruppen der DDR.

Die Entwicklung des Mi-8 geht auf das Ende der 50er Jahre zurück. Zur Luftparade am 9. Juli 1961 in Tuschino wurde der mit nur einem Turbinentriebwerk versehene Versuchshubschrauber W-8 erstmals öffentlich vorgeführt. Der Erstflug des mit zwei Triebwerken ausgestatteten, weiterentwickelten Typs Mi-8 fand am 17. September 1962 mit dem Testpiloten N. W. Leschinin statt. Wie andere sowjetische Helikopter, so machte auch der Mi-8 mit einer Reihe von Rekorden auf sich aufmerksam. So flog Hubschrauberführer Koloschenko am 19. April 1964 einen Mi-8 mit einer durchschnittlichen Geschwindigkeit von 201,8 km/h über die 2000-km-Distanz. Und mit einem Rekordflug über eine Strecke von 2465,735 km überbot er den von einem US-amerikanischen Hubschrauber gehaltenen Rekord um 526 km. Der Flug mit einer Dauer von 12 h 3 min 34 s fand bei ungünstigem Wetter in der Nähe Moskaus statt.

Die zunächst verwendete, vom Mi-4 übernommene Vierblatt-Tragschraube ist im Verlauf der Mi-8-Flugerprobung durch eine fünfblättrige ersetzt worden. Die Versuche mit ihr begannen am 9. Oktober 1963. Im März 1965

Der Mi-8T mit Bewaffnung

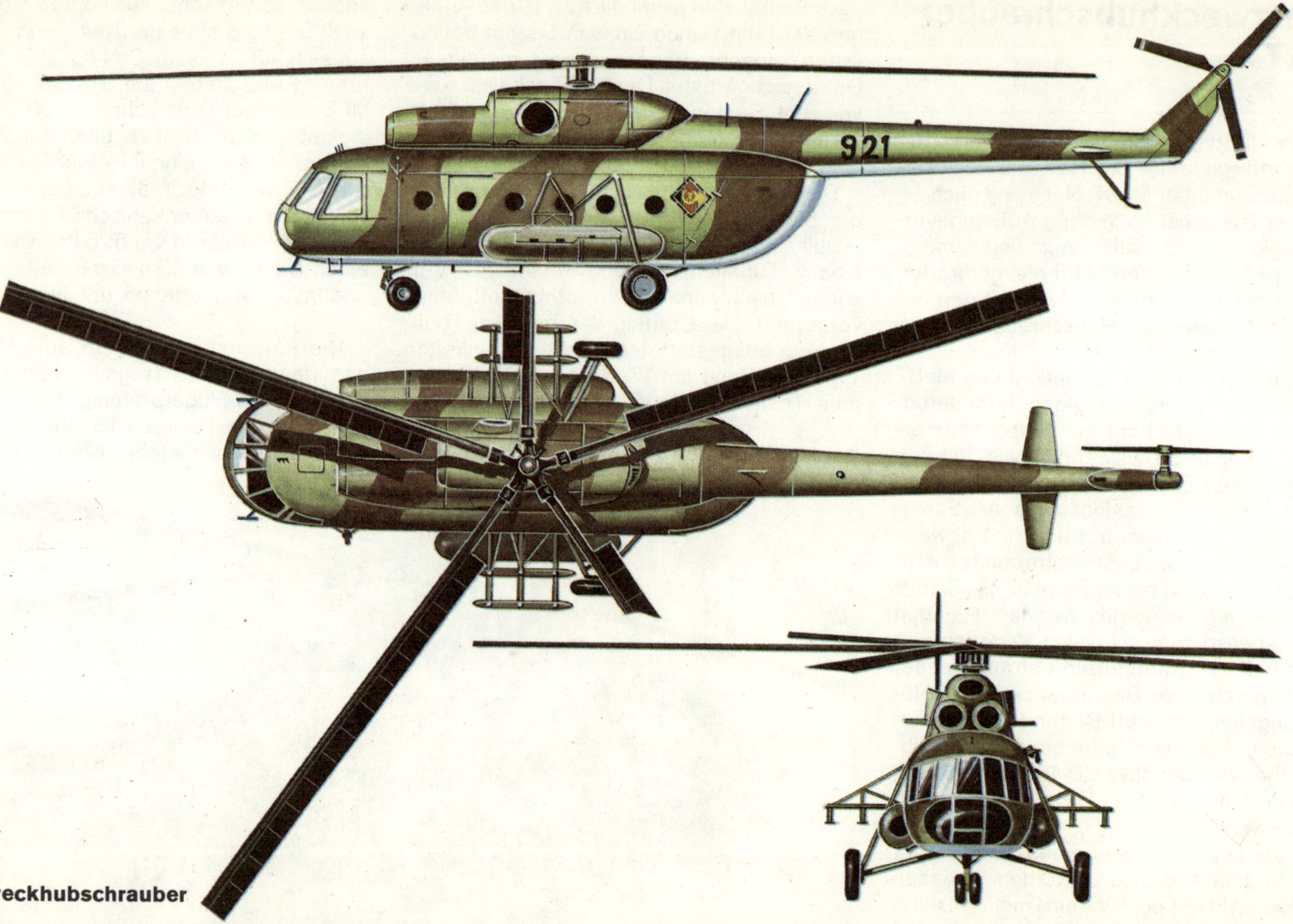

Mehrzweckhubschrauber Mi-8T

Mehrzweckhubscnrauber
Mi-8T

waren alle Flugerprobungen des Mi-8 abgeschlossen. Kurze Zeit später wurde er anläßlich des 26. Pariser Luftfahrtsalons der Öffentlichkeit vorgestellt; Ende 1965 begann der Serienbau mit Fünfblatt-Tragschraube.

Der Mi-8 hat einen in Ganzmetall-Halbschalenbauweise gefertigten Rumpf, der vorn die stark verglaste Kabine mit den Plätzen für den ersten und zweiten Hubschrauberführer (letzterer ist gleichzeitig Navigator) sowie für den zwischen ihnen sitzenden Bordtechniker, in der Mitte den Frachtraum und am Heck die großen Ladepforten mit eingebauten Rampen aufnimmt. Die Abmessungen der Türen betragen 0,83 x 1,40 m für die Seite und 2,34 m x 1,82 m für die Frachtluke im Heck. So kann der Mi-8 Fahrzeuge von der Größe eines UAZ-469, Geschütze, Granatwerfer oder andere Waffen und Geräte bis zu einer Masse von 4000 kg an Bord nehmen. Außen können Lasten bis zu 2000 kg befördert werden.

Für den Sanitätsflug umgerüstet, lassen sich zwölf Tragen (je drei übereinander) mit Liegenden sowie ein Sanitäter unterbringen. Als Truppentransporter kann der Mi-8 bis zu vierundzwanzig Soldaten im Laderaum aufnehmen. Bei der Rettung von Schiffbrüchigen oder Geschädigten in unwegsamen Gebieten wird die über der Eingangstür montierte elektrische Winde benutzt, die eine Tragfähigkeit von 150 kg, maximal von 250 kg hat.

Als Antrieb aller Mi-8-Versionen dienen zwei Turbinenluftstrahltriebwerke TW2-117A (Startleistung je 1103 kW, Masse 600 kg) mit Losturbine, kontruiert von S. P. Isotow. Angetrieben werden damit die thermisch zu enteisende Ganzmetall-Tragschraube sowie die ebenfalls aus Metall gefertigte und thermisch zu enteisende Dreiblatt-Heckschraube. Die Tanks links und rechts außerhalb des Rumpfes sowie der installierte Behälter über der Kabine fassen insgesamt 1640 kg Kraftstoff. Für Überführungen lassen sich im Laderaum zwei große Zusatzbehälter installieren, wodurch der Gesamtvorrat 2870 kg beträgt.

Alle Räder sind ölpneumatisch gedämpft und nicht einziehbar. Die Bugstrebe hat Zwillingsräder, die Hauptstreben haben einfach bereifte, bremsbare Räder. Zur Ausrüstung zählen doppelte Blindfluginstrumentierung, Funkhöhenmesser, Funkkompaß, UKW- und KW-Funkgeräte, Freund-Feind-Kennung sowie ein vierkanaliger Autopilot und Überflugmarker. Die topfartige Verdickung unter dem Heckträger des Mi-8T kennzeichnet die Ausrüstung mit einem sehr genauen Geschwindigkeitsmesser für den Langsamflug.

Mi-8T im Außenlastflug

Mi-8T mit Kraftstoffzusatzbehältern

Passagierhubschrauber Mi-8S

Wie bei den Hubschraubern Mi-1, Mi-2 und Mi-4 oder Mi-6, so gibt es auch vom Typ Mi-8 Passagierausführungen. Dazu zählen Versionen mit achtundzwanzig Plätzen (je Seite sieben doppelsitzige Sessel; zivil als Mi-8P bezeichnet) oder in der Luxusausführung mit Plätzen für neun bzw. elf Personen (als Mi-8S bezeichnet). Die elfsitzige Ausführung wird in der NVA seit 1968/69 geflogen.

Ein Mi-8S ist von der UdSSR erstmals zum 29. Pariser Luft- und Raumfahrtsalon vorgeführt worden. Die Hauptkabine des Mi-8S ist ein repräsentativer Arbeits- und Konferenzraum. Links befinden sich zwei Sitzbänke mit je vier Plätzen, rechts zwei Drehsessel mit einem Tisch sowie der Arbeitsplatz für einen Adjutanten. Neben dieser Ausstattung gibt es in der NVA auch die Mi-8S-Ausführung mit zwei Sitzbänken auf jeder Seite.

Große, rechteckige Bordfenster und die Passagiertreppe im Heck, aber auch die größeren seitlichen Kraftstoffbehälter sind äußere Kennzeichen des Mi-8S. Im Heck sind links eine Toilette und rechts ein Gepäckraum mit Garderobe untergebracht. Eine Bordküche sowie die Besatzungsgarderobe sind zwischen Cockpit und Salon in Höhe der Backbord-Schiebetür eingebaut. Sowohl die 28sitzige Passagierausführung als auch die Salonvariante haben die gleichen Abmessungen wie die Standardversion. Bei dem Mi-8S ist die Abflugmasse etwas größer; die Höchstgeschwindigkeit beträgt 250 km/h. Ausrüstung, Rumpfstruktur, Triebwerksanlage und Tragschraubensystem entsprechen den analogen Baugruppen des Mi-8T.

Um die gesamte Mi-8-Fertigung zu rationalisieren und die Montage zu vereinfachen, hat das Mil-Kollektiv die ganze Zelle aus einzelnen Segmenten hergestellt (Besatzungskabine, Frachtkabine, Triebwerks- und Getriebeverkleidung, Heckträger). Bei Beschädigungen lassen sich die Segmente relativ leicht und schnell austauschen. Über die Wartungsklappe im Dach der Besatzungskabine kommt man gut an die Triebwerks- und Getriebeverkleidungen heran, die als Arbeitsbühne herabgeklappt werden können.

Für die Ausbildung von Hubschrauberführern gibt es einen speziellen Mi-8-Simulator (KTW Mi-8).

Der Mi-8 war die Grundlage für die Entwicklung des Kampfhubschraubers Mi-8TB, der in dem Band «Flugzeuge und Hubschrauber der

Mi-8S von rechts

Mi-8S von hinten

NVA von 1971 bis zur Gegenwart» vorgestellt wird. Aus dem Mi-8 sind außerdem der Mi-17 sowie der schwimmfähige Marinehubschrauber Mi-14 abgeleitet worden. Die Ausführung Mi-9 wird als fliegende Führungsstelle bezeichnet.

Typenregister

Namenregister

Technische Daten der Kolbenmotor- und Passagierflugzeuge der NVA (1956–1970)

Typ	Jak-18	Jak-18U	Jak-18A	Jak-11	An-2TD
Spannweite in m	10,62	10,62	10,62	9,40	18,17
Länge in m	8,03	8,53	8,35	8,50	12,40
Höhe in m	2,18	3,35	3,35	3,28	4,23
Tragflügelfläche in m^2	17,00	17,00	17,00	15,40	71,51
Leermasse in kg	816	970	995	1960	3445
Startmasse in kg	1087	1172	1281	2440	·
Max. Startmasse in kg	1165	1300	1316	·	5500
v_{max} in km/h (bei Höhe in m)	248 (0)	235 (0)	254 (0)	460 (2250)	253 (1750)
v_{Marsch} in km/h	160 ... 210	·	180 ... 230	380	185
v_{Lande} in km/h	85	·	110 ... 115	127	85
v_{Steig} in m/s	3,5	2,4	5,4	8,5	3,5
Gipfelhöhe in m	3000	3440	5000	7980	5200
Flugweite in km	850 ... 1000	780 ... 900	710 ... 750	800 ... 1000	900
Startstrecke in m	290	260	215	395	150 ... 180
Landestrecke in m	250	295	250 ... 270	500	170 ... 180
Besatzung	2	2	2	2	2 ... 3
Passagiere	–	–	–	–	8 ... 12
Nutzlast in kg	·	·	·	·	·
Triebwerk	M-11-FR-1	M-11-FR-2	AI-14R	ASch-21	ASch-62 IR
Anzahl/Art	1/Stern	1/Stern	1/Stern	1/Stern	1/Stern
Startleistung bzw. -schub	118 kW	118 kW	191 kW	515 kW	736 kW
Kraftstoffvorrat	150 l	112 kg	95 kg	230 kg	1200 l
Bewaffnung	–	–	–	1 12,7-mm-MG, 2 50-kg-Bomben	–

An-14A	„Aero 45S“	Il-14P	Il-14P(T)	Il-18W	L-60	Tu-124W
21,99	12,25	31,70	31,70	37,40	13,96	25,55
11,38	7,54	21,31	22,31	35,90	8,80	30,58
4,63	2,35	7,90	7,80	10,16	2,72	8,08
39,72	17,09	100,0	100,0	140,0	24,30	119,37
2600	960	12000	12700	26570	968	22900
3450	1600	17500	17500	61200	1420	36500
3750	·	·	·	·	1560	37500
210	265	395	430 (2000)	685	193	970
190	230	320 ... 340	280 ... 350	625 ... 650	175	800 ... 870
80	100	135	135	190	75	190
5,1	5	5	5	·	4,4	·
4500	4350	6500	7400	10000	4500	11500
470 ... 680	1350	1500	1750 ... 2250	5000	720	1200 ... 2100
100	220	1020	1020	1200	225	1000
110	·	860	860	800	180	900
1 ... 2	1	4 ... 5	4 ... 5	5	1	3
6 ... 7	3	9 ... 32	32	bis 90	2 ... 3	bis 56
720	·	4800	4800	·	350	6000
AI-14RF	Walter Minor 4-III	ASch-82T	ASch-82T	AI-20K	Praga Doris M-20B	D-20P
2/Stern	2/Reihe	2/Stern	2/Stern	4/Turboprop	1/Reihe	2/ZTL
2×221 kW	2×77 kW	2×1397 kW	2×1397 kW	4×3075 kW	162 kW	2×52,9 kN
·	·	·	352 l	·	200 l	·
–	–	–	–	–	–	–

Technische Daten der strahlgetriebenen Flugzeuge der NVA (1956–1970)

Typ	MiG-15	MiG-15bis	MiG-15UTI	MiG-17	MiG-17F	MiG-17PF
Spannweite in m	10,08	10,08	10,08	9,63	9,63	9,63
Länge in m	10,04	10,10	10,10	11,26	11,26	11,68
Höhe in m	3,70	3,70	3,70	3,80	3,80	3,80
Tragflügelfläche in m^2	20,60	20,60	20,60	22,60	22,60	22,60
Leermasse in kg	3382	3691	3500	·	·	·
Leermasse mit Zusatzbehälter in kg	3416	3720	·	3798	3920	4182
Startmasse in kg	4806	5044	4850	5202	5345	5550
Max. Startmasse in kg	5260	6045	·	5932	6075	6280
v_{max} in km/h (bei Höhe in m)	1036 (5000)	1044 (3000)	1010 (3000)	1094 (2000)	1097 (3000)	1074 (4000)
v_{max} mit Nachbrenner in km/h (bei Höhe in m)	–	–	–	–	1145 (3000)	1121 (4000)
v_{Marsch} in km/h	850	860	820	950	950	900
v_{min} in km/h	190	190	190	300	300	300
v_{Lande} in km/h	178	178	172	180	180	180
v_{Steig} in m/s	42	46	38,5	47	65	55
Gipfelhöhe in m	15 200	15 500 ... 16 200	14 825	15 600	16 600	15 850
Reichweite in km	1420 ... 1600	1300 ... 1860	950	1290	1080	1000
Reichweite mit Zusatzbehälter in km	1920 ... 1960	2000	1340	2060	1980	1930
Flugdauer	2 h	2 h 57 min	2 h 18 min	2 h 53 min	2 h 53 min	2 h 39 min
Anrollstrecke in m	600	500 ... 570	570	·	350 ... 590	600[1)]
Ausrollstrecke in m	710	740 ... 880	740	·	820 ... 850	830
Steigzeit auf 5 000 m in min	2,30	2,10	3,20	5,1	3,7	·
Steigzeit auf 10 000 m in min	7,10	5,50	·	6,6	·	·
Triebwerk	RD-45F	WK-1A	RD-45FA	WK-1A	WK-1F	WK-1F
Startschub in kN mit Nachbrenner in kN	22,46 –	26,47 –	22,46 –	26,47 –	26,47 32,12	26,47 32,12

MiG-19S	MiG-19PM	MiG-21F-13	MiG-21U	MiG-21PFM	Il-28	Il-28U	L-29
9,00	9,00	7,15	7,15	7,15	21,45	21,45	10,29
14,80	13,03	15,76	13,46	13,85	17,65	17,65	10,81
3,88	3,80	4,10	·	4,13	6,70	6,70	3,13
25,16	25,16	22,95	22,95	22,95	60,80	60,80	19,85
5172	·	4980	·	·	12 890	12 500	2364
·	·	5200	·	5227	·	·	·
7400	·	7370	·	7775	21 200	17 000	3280
8700	9400	8625	·	9080	23 200	21 000	3540
·	·	·	·	·	902 (4500)	910 (4500)	655 (5000)
1454 (10 000)	1445 (10 000)	2125 (12 500)	2125 (12 500)	2175 (12 500)	–	–	–
950	950	1100	·	·	770	700	545
350	350	350	·	·	·	·	·
235	235	260 ... 270	260 ... 270	280	185	·	135
115	·	130	·	·	15	15	14
18 700	16 800	19 000	19 500	19 900	12 500	12 200	11 000
1380	·	1300	·	1370	2180[5]	2260[5]	640
1800 ... 2000	1910	1580	1670	1680	2400	·	894
·	·	1 h 37 min[3] 1 h 56 min[4]	·	1 h 47 min[3] 2 h 09 min[4]	·	·	2 h 30 min[4]
500[1], 900[2]	·	·	·	·	875 ... 965	500	550
·	·	·	·	·	960 ... 1170	400	440
·	·	·	·	·	6,5	·	·
·	·	·	·	·	·	18	·
2×RD-9B	2×RD-9B	R11F-300	R11F-300	R11F2-300	2 WK-1	2 WK-1	M 701
2×25,48 2×32,34	2×25,48 2×32,34	38,25 53,39	38,25 53,39	42,25 56,40	2×26,46 –	2×26,46 –	8,72 –

Technische Daten der strahlgetriebenen Flugzeuge der NVA (1956–1970) – Fortsetzung

Typ	MiG-15	MiG-15bis	MiG-15UTI	MiG-17	MiG-17F	MiG-17PF
Bewaffnung	2 NS-23, 1 NS-37D 2 50-/100-kg-Bomben	2 NR-23 1 N-37D	1 UB	2 NR-23, 1 N-37D 2 250-kg-Bomben	2 NR-23, 1N-37D 2 250-kg-Bomben	3 NR-23
Munitionsvorrat	2×80 Schuß/23 mm 1×40 Schuß/37 mm	2×80 Schuß/23 mm 1×40 Schuß/37 mm	·	2×80 Schuß/23 mm 1×40 Schuß/37 mm	2×80 Schuß/23 mm 1×40 Schuß/37 mm	3×80 Schuß/23 mm
Besatzung	1	1	2	1	1	1

1) mit Nachbrenner; 2) ohne Nachbrenner; 3) ohne Zusatzbehälter; 4) mit Zusatzbehälter; 5) in 10 000 m Höhe; 6) starr; 7) beweglich

Technische Daten der Hubschrauber der NVA (1956–1970)

Typ	SM-1	Mi-1MU	Mi-1M	Mi-4A	Mi-4S	Mi-4M	Mi-8S	Mi-8T
Rumpflänge in m	12,10	12,08	12,08	16,79	16,79	16,79	18,31	18,31
Länge ü. a. in m	16,95	16,97	17,50	25,02	25,02	25,01	25,28	25,28
Höhe in m	3,30	3,30	3,30	4,40	4,40	4,40	5,60	5,60
Frachtraum	–	–	–	4,15 m × 1,78 m × 1,80 m	4,15 m × 1,78 m × 1,80 m	–	6,42 m × 2,20 m × 1,82 m	5,34 m × 2,20 m × 1,82 m
Tragschraubendurchmesser in m	14,30	14,34	14,50	21,00	21,00	21,00	21,29	21,29
Tragschraubenkreisfläche in m^2	·	·	·	349,49	349,49	349,49	355,81	355,81
Heckschraubendurchmesser in m	2,50	2,50	2,50	3,60	3,60	3,60	3,80	3,80
Leermasse in kg	1798 1800[1)]	1785	1919	4900	5325	5365	7 420	·
Rüstmasse in kg	·	·	·	·	·	·	7 569	7 160
Zuladung in kg	475 616[1)]	425	495	2300	·	·	3 260 ... 4160	3 600 ... 4500
Nutzlast in kg	·	·	·	1200 ... 1740	·	·	3 040	4 000[2)]
Max. Außenlast in kg	·	·	·	1300	·	·	·	3 000
Startmasse in kg	2265 2400[1)]	2210	1913[3)] 1903[4)]	7150	7315	7290	10 400	11 100
Max. Startmasse in kg	2416	·	2414	7800	·	7575	12 000	12 000

MiG-19S	MiG-19PM	MiG-21F-13	MiG-21U	MiG-21PFM	Il-28	Il-28U	L-29
3 NR-30, 2 ORD-57K oder 2 500-kg-Bomben	4 RS-2U	1 NR-30, 2 K-13 oder 2×16 Raketen bzw. 2 Bomben	–	2 R-3S oder 2×16 Raketen bzw. 2 50-...500-kg-Bomben	2 NR-23[6], 2 NR-23[7] 1000 ... 3000 kg Bomben	–	8 57-mm-Raketen oder 2 100-kg-Bomben
3×70 Schuß/30 mm 16 57-mm-Raketen S-5	–	60 Schuß/30 mm 16 57-mm-Raketen	–	–	2×225 Schuß/23 mm 2×80 ... 200 Schuß/23 mm	–	–
1	1	1	2	1	3	3	2

Typ	SM-1	Mi-1MU	Mi-1M	Mi-4A	Mi-4S	Mi-4M	Mi-8S	Mi-8T
v_{max} in km/h	170 ... 185	185	195	175 ... 200	185	185	230 ... 250	230 ... 250
v_{Marsch} in km/h	130 ... 145	145	150	140 ... 155	160	140	190	180 ... 200
v_{Steig}, schräg in m/s	6,5	4	5	5 ... 6,5	6,5	3,9	·	·
v_{Steig}, senkrecht in m/s	·	·	·	3	·	3	·	·
Steigzeit auf 1000 m in min	4,5 ... 5	4,2	5	5	5	7	·	
Prakt. Gipfelhöhe in m	3000	3000	3000	5500	5500	4000	4500	4500
Dynam. Gipfelhöhe in m	·	·	·	2000	4000	·	·	·
Reicnweite in km	380 620[1]	·	300	440 650[1]	410	370 in 1000 m Höhe	340 ... 650	650
Prakt. Flugdauer in min	188 255 ... 300[1]	195	180	170[1]	·	146	90	90
v bei max. Flugdauer in km/h	90	90	80 ... 90	100	100	100	·	·
v bei max. Flugweite in km/h	140	140	130	160		·	·	·
Besatzung/Passagiere	1/2	2/–	1/3	3/8 ... 14	3/4 ... 6	3/0	3/7 ... 11	3/24 ... 28
Triebwerk	AI-26W	AI-26W	AI-26W	ASch-82W	ASch-82W	ASch-82W	TW2-117A	TW2-117A
Anzahl/Art	1/Kolben	1/Kolben	1/Kolben	1/Kolben	1/Kolben	1/Kolben	2/Turbine	2/Turbine
Startleistung in kW	422	422	422	1250	1250	1250	2×1104	2×1104

Literaturverzeichnis

1 Sowjetskoje strelkowoje orushije/Bolotin, D. N. – Moskau, 1986.
2 Samolot mysliwski MiG-21/Butowski, P. – Warschau, 1986.
3 MiG-Flugzeuge/Eyermann, K.-H. – Berlin, 1986.
4 Il-14 Utasszalltito Repülogep – Budapest, o. J.
5 Illustrierte Reihe für den Typensammler – Berlin, 1965 bis 1967:
- Mil Mi-1/Grabe, M.; Schlosser, K.
- Mil Mi-4/Kopenhagen, W.
- MiG-15/Kopenhagen, W.
- MiG-17/Kopenhagen, W.
- L-29 «Delfin»/Seeling, H.
- Antonow An-2/Seifert, K.-D.

6 Lexikon Sowjetluftfahrt/Kopenhagen, W. – Berlin, 1986.
7 Das große Flugzeugtypenbuch/Kopenhagen, W. – Berlin, 1987.
8 Sowjetische Jagdflugzeuge/Kopenhagen, W. – Berlin, 1985.
9 Militärtechnische Hefte – Berlin, 1983/1984:
- Strahltrainer/Kopenhagen, W.
- Jagdflugzeuge/Kopenhagen, W.

10 Vom Küstenschutzboot zum Raketenschiff/ Mehl, H.; Schäfer, K.; Israel, U. – Berlin 1987.
11 Polskie samoloty wojskowe 1945 – 1980/Morgala, A. – Warschau, 1981.
12 Letadla československych pilotu – Prag, 1986.
13 Ilustrovaná historie letectvi/Vrany, J.; Krumbach, J. – Prag, 1985.
14 Zeittafel zur Militärgeschichte der DDR, 1949 bis 1984 – Berlin, 1985.
15 Zeitschriften und Zeitungen:
- atom – Prag.
- Fliegerrevue – Berlin.
- Krylja Rodiny – Moskau.
- Letectvi i Kosmonautika – Prag.
- Luftverteidigung – Strausberg.
- militärtechnik – Berlin.
- Skrzydlata Polska – Warschau.
- VOLKSARMEE – Berlin.
- Wojskowy Przeglad Techniczny – Warschau.

Inhaltsverzeichnis

Vorankündigung

Nach dem hier vorliegenden ersten Typenbuch des Militärverlages der DDR «Flugzeuge und Hubschrauber der NVA von 1956 bis 1970» wird 1989 als Fortsetzung das Typenbuch «Flugzeuge und Hubschrauber der NVA von 1971 bis zur Gegenwart» erscheinen.
In seinem einleitenden Teil geht es zunächst auf militärpolitische Aspekte in den 70er und 80er Jahren sowie auf damit im Zusammenhang stehende militärtechnische und militärökonomische Aspekte ein. Weitere Schwerpunkte sind:

- Veränderungen im Verlauf der 3. Entwicklungsetappe ab 1971 in den Verbänden der LSK/LV sowie bei den Aufgaben des Diensthabenden Systems;
- die Hilfe der UdSSR in der 3. Entwicklungsetappe; Traditionen der Waffenbrüderschaft mit den LSK der UdSSR, der ČSSR, Polens und Ungarns;
- die Notwendigkeit der ständigen Qualifizierung des fliegenden, technischen und Stabspersonals; die gewachsene Rolle der Q- und der Neuererbewegung;
- taktische Aspekte, Einsatzprinzipien und -grundsätze der Jagd-, Jagdbomben-, Kampfhubschrauber-, Transport- und Verbindungsfliegerkräfte;
- aerodynamische Probleme bei der Entwicklung der Überschalljagdflugzeugtypen MiG-21, MiG-23 und Su-22;
- technische Entwicklungslinien und damit zusammenhängende taktische Veränderungen (Kanonen, Raketen, Funkmeßvisiere, Kennungsgeräte, Heckschutzwarnung, Bremsschirme, Flugzeugfanganlagen, Fahrwerke u. a.);
- Rolle von Simulatoren in der Ausbildung von Flugschülern sowie in der Weiterbildung von Flugzeug- und Hubschrauberführern.

Im Typenteil findet der Leser die Typen:

- MiG-17 als Jagdbomber,
- MiG-21M mit den Versionen MiG-21MF und MiG-21bis (Allwetterabfangjagdflugzeuge),
- MiG-21UM (Schul- und Übungsflugzeug),
- MiG-23 (Allwetterabfangjagdflugzeug),
- MiG-23UB (Schul- und Übungsflugzeug),
- MiG-23BN (Jagdbombenflugzeug),
- Su-22 (Jagdbombenflugzeug),
- Su-22U (Schulflugzeug),
- L-39 (Strahltrainer),
- L-39Z (Schleppflugzeug für Luftziele),
- KT-04 (Zielflugkörper, geschleppt von L-39Z),
- Z-43 (Verbindungsflugzeug),
- L-41UVP (Transport- und Verbindungsflugzeug),
- An-26 (Transportflugzeug),
- Mi-14 (U-Jagd-Hubschrauber),
- Mi-2 (bewaffneter Hubschrauber),
- Mi-8TB (Kampfhubschrauber),
- Mi-24D (Kampfhubschrauber).

In den folgenden Jahren hat der Militärverlag der DDR als weitere Typenbücher vorgesehen:

- «Schützenwaffen der NVA»,
- «Geschütze und Geschoßwerfer der NVA»,
- «Gepanzerte Fahrzeuge der NVA»,
- «Militärkraftfahrzeuge der NVA»,
- «Pioniertechnik der NVA»,
- «Schiffe und Boote der Volksmarine der NVA».

Natürlich wird es – abhängig von der Nachfrage – von jedem Band Nachauflagen geben. Die einzelnen Typenbücher tragen keinen strengen Reihencharakter, sie gleichen sich aber weitgehend in Format, Einband, Papierqualität, vierfarbigem Druck und Grobgliederung. Unterscheiden können sie sich in Umfang, Anzahl der behandelten Typen, Art der Darstellung in Text und Bild, Anzahl und Art der Bilder, Auflage und Preis.

Autoren und Verlag wünschen diesen Typenbüchern eine wohlwollende Aufnahme durch die Leserschaft.

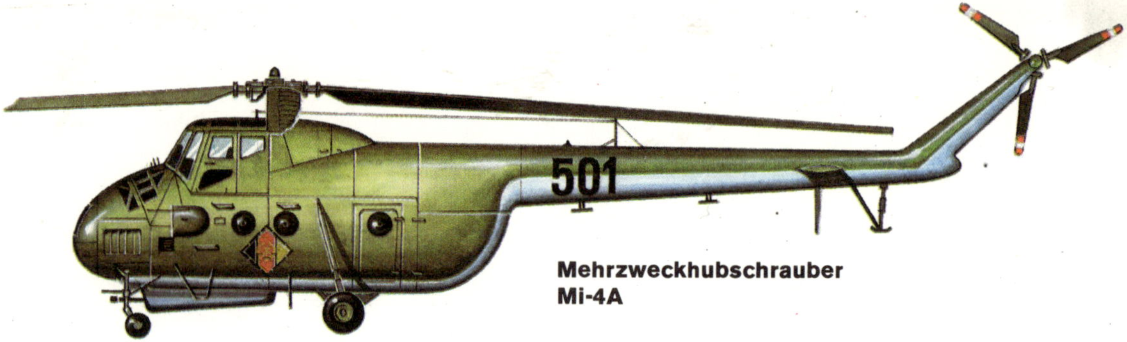

Mehrzweckhubschrauber
Mi-4A

Verbindungsflugzeug
«Aero 45S»

Transport- und Verbindungsflugzeug
An-2

Verbindungs- und Transportflugzeug
An-14A

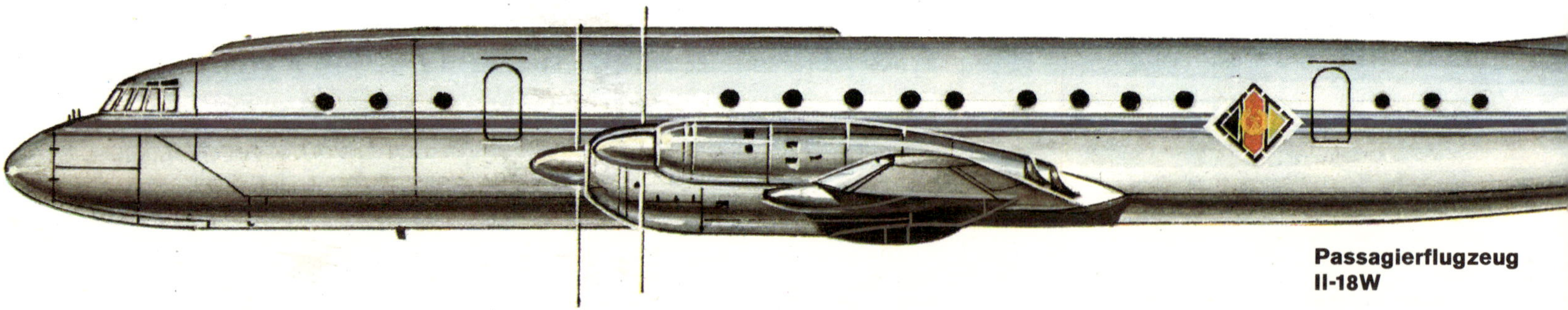

Passagierflugzeug
Il-18W